菅井貴子と学ぶ

北海道の天気と防災

JN122381

もくじ

第1章　北海道の天気を知ろう

1. 大雨

2. 局地的豪雨

3. 洪水

4. 土砂災害

5. 風

6. 台風

7. 雷

8. 竜巻

9. 大雪・吹雪

10. 雪崩

11. 寒さ・暑さ

第2章　防災情報・災害時の身の守り方

はじめに

　私たち気象予報士が天気の予報業務を行うとき、プログノ（prognosis）と呼ばれる予想天気図や、コンピューターによるシミュレーション予測を参考にしています。特にコンピューター予測は、予報士が経験や勘に過度に頼らないために、とても有用です。

　ところが最近、信じられないような雨量や風速、台風や爆弾低気圧、海の潮位の予測が出て、思わず自分の目を疑うことが増えてきました。そんなときは「本当にそんな予測を発表して良いのか」と、背筋が凍る思いで何回も資料を確認します。それでも結局、予報通りの大荒れの天気となり、人命を失うような甚大な災害がたびたび発生しているのです。

　気象現象が、昔に比べて激しくなっているのは、地球温暖化による影響が大きいと考えられます。私も、テレビ放送やネット配信で天気を伝える際に「観測史上一番」という表現を使うことが増えました。その言葉は、その土地で「経験をしたことのない現象」を意味します。以前は安全だと信じられてきた場所は、もはや安全かどうかわからないのです。

　災害が激甚化、頻発化するにつれて、新しい防災情報がどんどん作られてきました。「顕著な大雨に関する気象情報」「特別警報」「避難指示」「氾濫危険情報」……。あまりに多くなりすぎて、わかりにくくなっていることも、情報の受け手にとっては大問題です。情報は内容を理解してこそ意味をなすものだからです。かなりややこしい防災情報ではありますが、整理して知識を身に付けておきましょう。

　「情報と知識は命を救う」と信じて、この本を書きました。天気についての理解も深めておくと、いざというときの判断に役立ちます。

　道民の皆さんが北海道で安全に暮らすために、少しでもお役に立てることを願っています。

菅井 貴子

第1章
北海道の天気を知ろう

1.大　雨

実は、雨が少ない北海道

　北海道は年間降水量の平年値（30年間の平均値）が日本一少ない地域です。北海道全体を平均した年間降水量は約1000㎜。特にオホーツク海側で少なく、北見市常呂の710.6㎜は全国で最少です。東京1598.2㎜、福岡1686.9㎜、鹿児島2434.7㎜と比べても北海道の降水量の少なさが際立っています。

　この降水量に合わせて、雨を排水する下水道の設備の基準も低くなっています。このため、北海道は雪には比較的強くても、雨や風には脆弱な地です。本州と同じ雨量であっても、北海道では災害につながることがあります。「道内では1時間に30㎜以上の雨が降ると、土砂災害や河川の増水、浸水など被害の危険が高まる」と覚えておくといいでしょう。

年間降水量（平年）

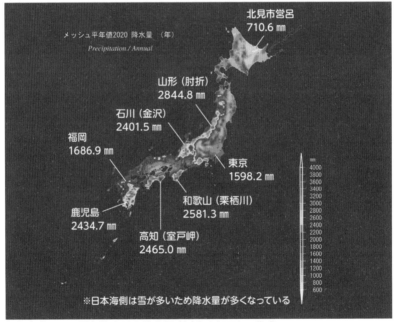

気象庁「メッシュ平年値2020 降水量（年）」を加工して作成

1mmの雨って実際どんな感じ？

　雨の単位は「mm（ミリメートル）」です。天気予報では、降水量を「〇〇mmの雨」と表現します。でも、例えば「1mmの雨」と言われて、ピンときますか？　意外とイメージできないのではないでしょうか。

　「1時間に1mmの雨」は、1時間に1mmの深さで水がたまる降水量ということで、近所なら傘がほしいと感じるぐらい、3mmは道路がしっかり濡れて傘が必要、5mmは水たまりができます。

　天気予報で用いられる表現では、「バケツをひっくり返したような雨」が30mm。「滝のように降る雨」は50mm。「息苦しくなるような圧迫感、恐怖を感じる雨」は80mm以上です。降水量と雨の降り方の関係を下の表にまとめました。

降水量と雨の降り方

やや強い雨 (1時間に10〜20mmの雨)	強い雨 (1時間に20〜30mmの雨)	激しい雨 (1時間に30〜50mmの雨)	非常に激しい雨 (1時間に50〜80mmの雨)	猛烈な雨 (1時間に80mm以上の雨)
ザーザーと雨の音が聞こえ、大きな水たまりができる。 傘がないと数分でずぶ濡れになる	土砂降りで、傘を差しても濡れる。 地面をたたくように降り、足元がびしゃびしゃになって長靴が必要になる。 車のワイパーが役に立たなくなる	バケツをひっくり返したように降る。 都市部ではマンホールから水があふれ、道路が川のようになる。 アンダーパスの走行が危険となり、田畑の浸水も。 避難を想定し始める	滝のように降り、視界が真っ白になる。 車の運転は極めて危険。 土砂災害や川の氾濫など、水害のリスクが高まる	息苦しくなるような圧迫感で、恐怖を感じる降り方。 北海道ではめったに降らない「記録的短時間大雨情報」などが発表され、大規模な災害が発生するおそれ。 建物内のより安全な2階以上に避難し、避難情報や地元の防災情報に注意する

1日にどのくらいの雨が降ったら危ない？

　大雨災害のリスクが高まる降水量は、道内各地で異なります。自分の住む街がどれくらいの降水量で危なくなるのか、おさえておきましょう。

　目安として、1日に降る雨の量が年間降水量の10％に達してしまうと、深刻な災害発生のリスクが高まります。例えば、札幌は平年の年間降水量が1146.1㎜なので、その10％にあたる量は約115㎜です。旭川は約110㎜、オホーツク海側は70〜80㎜前後と少ない値です（下図）。

　全道の過去の浸水・洪水災害と、そのときの降水量の関係を見ると、1日の降水量が50㎜になると低い土地では浸水が発生。100㎜前後で、中小河川の流域では洪水が始まります。100〜200㎜になると、大きな河川流域でも洪水が発生しています。

　ただ、これはあくまでも目安です。30㎜の雨でも1時間で一気に降ると崖崩れが発生したり、100㎜以下でも、支庁をまたがったり川の上流部から下流部までなど広範囲に降ると、河川があふれることがあります。

　下図を参考にしながら、短時間に集中して降水量が増えているときや、雨域が広範囲だったり、川の上流部で降っているときは、少ない降水量でも災害が発生する場合があることも考慮しながら警戒してください。

道内各地の「災害リスクが高まる1日あたりの雨量」

誤解が多い、降水確率

　天気予報は必ず当たるわけではありませんが、降水確率の需要は高く、気象庁や民間会社が毎日発表しています。しかし、正しく理解されている方は意外と少ないようです。

　突然ですが、以下の項目で間違いはどれでしょうか。

①降水確率100％は、絶対に雨が降る
②降水確率0％は、絶対に雨が降らない
③降水確率の数字が大きいほど強い雨が降る
④降水確率の数字が大きいほど雨の降る時間が長い

　正解は全部×、間違いです。ややこしいですよね。

　例えば「石狩地方で、あすの降水確率は30％」の場合、30％とは、その予報が100回発表されたうち、30回は石狩地方のどこか一部で1mm以上の雨が降るという意味です。石狩地方のどこか、ということは、例えば千歳市で降って、札幌市で降らないこともあります。1mm以上の雨を対象としているので、それ以下の小雨は計算には入っていません。そのため、降水確率が0％でも、小雨が降ることは十分にあり得るのです。1mm以上の雨とは、なかなかの強い雨で、衣服が濡れるほどです。

　あくまで、「1mm以上の雨がどこかで降る」ということを対象にしているので、雨の強さや降る時間の長さは、全く関係がありません。降水確率はとても難しく誤解も多いので、有効な情報とは言いがたいのですが、参考にする際は、30％以上は折りたたみ傘、40％以上は柄のしっかりした大きな傘を持つことを目安にしても良いかもしれません。

石狩地方の「降水確率30％」の場合

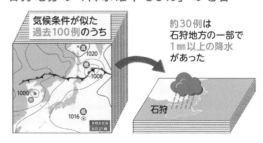

道内の「大雨三大エリア」

　北海道は例年、雪の多い地域は注目されますが、雨が多い地域は意外と知られていないのかもしれません。

　北海道の中で雨の多い場所はいずれも太平洋側で、渡島、胆振中部、日高東部〜十勝南部です（下図）。特に、オロフレ山系〜登別市〜白老町、広尾町〜えりも町目黒、福島町千軒は、年間降水量の平年値が2000㎜以上あり、雨の多い九州や四国地方並みです。

　また、日高山脈のほぼ南東側に位置する、えりも町目黒、広尾町、大樹町も雨が多いエリアです。低気圧の通過によって、太平洋からの海風が日高山脈の斜面にぶつかり、上昇気流が強められ、雨雲が発達するからです。

　雨雲は、標高1500〜2000ｍの日高山脈を越えることはできず、山の南西側の日高地方は、晴れ間が出ていることも珍しくありません。この大雨三大エリアはいずれも山地の南東にあり、低気圧が西から東に通

北海道で雨の多い地域（平年の年間降水量）

参考 札幌
1146.1㎜

登別市カルルス
2353.5㎜

白老町森野
2222.5㎜

えりも町目黒
2140.6㎜

福島町千軒
2163.9㎜

大雨三大エリア
（渡島、胆振中部、日高東部〜十勝南部）

過して上空に南東の風が吹くとき、集中的に雨が降ります。太平洋上ででできた雨雲を運んできた風が、山にぶつかって頂上に向けて登っていくとき、上昇気流が強められます。これにより、斜面の南東側で雨雲がいっそう発達するのです（下図）。

　一方、上空の風向きが南西のときは、山の南西斜面で雨雲が発達しやすくなり、山地の南西にある檜山、日高、釧路、根室地方で大雨となります。ただ、雨量は大雨三大エリアほどではありません。

　北海道は日本列島のなかで雨が少ない地域だとふれましたが、特に、オホーツク海側で少なく、北見市常呂の年間平年降水量 710.6㎜は全国で最少です。しかし、大雨三大エリアでは、なんと 3 倍近くもの雨が降っていることになるのです。

　ちなみに、登別市や白老町など、胆振中部で突出して雨量が多い原因はまだ解明されていません。地形が影響していることは間違いないのですが、胆振中部の山岳部のみならず、日高山脈を含めた広い範囲の地形が関係しているようです。また、苫小牧沖に冷水塊（局地的に海水温が低い場所）が存在することも要因と考えられているようです。冷たい海水の上を蒸し暑い風が吹くと、雨雲ができやすく、かつ発達するからです。

　なお、北海道の大雨の最高記録は、1950 年 8 月 1 日に観測した苫小牧の日降水量 447.9㎜です。

日高山脈の雨雲発生のしくみ

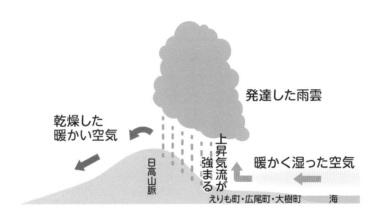

乾燥した
暖かい空気

発達した雨雲

上昇気流が強まる

暖かく湿った空気

日高山脈

えりも町・広尾町・大樹町　　海

秋雨前線——北海道の大雨シーズン

　西日本では梅雨の6月から7月に雨量が多くなりますが、北海道では秋に雨が多くなります。北からやってくる秋雨前線が、お盆を過ぎたあたりから北海道付近に停滞しやすく、長雨をもたらすのです。このため、道内各地の月別の平年降水量が最大になるのは8月から9月です（グラフ）。大雨災害もこの時期に集中しています。

　さらに、8、9月は台風シーズンでもあります。北海道を直撃しなくても、台風がもたらす高温多湿な空気は秋雨前線を刺激し、活動が活発になります。天気図に「台風＋秋雨前線」がセットで現れたら要注意。さらに、東の海上に高気圧があると、天気の流れがせき止められ、台風も秋雨前線も動かなくなって大雨が長引きます。こうなると、災害に警戒しなければなりません。

　秋が深まるにつれて、秋雨前線は南に押され南下していきます（右ページ図「秋雨前線」）。前線が北海道から離れると、雨は少なくなります。

北海道主要都市の月別降水量 （平年）

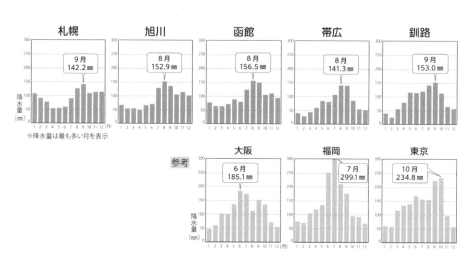

　2020年8月5日から8日にかけて、道北では災害級の大雨となりました（下の天気図）。

　宗谷地方の礼文島や稚内市宗谷岬では、総雨量が190mm以上で、1カ月分の雨量の1.5倍以上が降りました。そのほか日本海側北部やオホーツク海側の多くの地域で、観測史上一番の雨量を更新しました。

　北海道付近に停滞した秋雨前線は、台風4号に刺激され、前線活動が活発になり、その後は、台風から変わった低気圧が通過しました。

　宗谷地方を中心に、10カ所以上で土砂崩れが発生し、住居被害は全壊、半壊、一部損壊合わせて50棟、床下浸水5戸などの被害が出たほか、非常に強い風も伴ったため、4人が怪我をするなどの人的な被害も出ました。

梅雨前線は、北海道に来るまでに弱まる。
秋雨前線は北海道を活発な状態で通過する

2020年8月5日21時の天気図

台風4号が秋雨前線を刺激し、北海道に活発な雨雲をもたらした、「台風＋秋雨前線」の天気図

お天気コラム 前線

　暖かな空気と冷たい空気など、性質の違う2つの空気がぶつかると、まるでケンカをするように天気が悪くなります。そのような場所は、天気図の上では「前線」として表されます。

　前線には「温暖前線」「寒冷前線」「閉塞前線」「停滞前線」の4種類があります。温暖前線と寒冷前線は低気圧から延びる前線で、この2つは常にセットです。温暖前線は暖かな空気の勢いが強く、寒冷前線は冷たい空気の勢いが強いことを示しています。

　温暖前線が近づくと、生ぬるい風が吹き、広範囲でシトシトと雨が降ります。いったん降り始めると、半日ぐらい続きます。一方、寒冷前線が近づくと急な土砂降りになり、雷やひょう、時には突風を伴うこともあります。雨がやんだ後は冷たい風が吹き、気温が下がるのも特徴です。

　温暖前線と寒冷前線を重ねたような閉塞前線が現れるころ、低気圧は発達のピークを迎えてそれ以降は衰えていき、次第に天気が回復していきます。

　暖気と寒気の勢力が同じぐらいだと、せめぎあいも長期戦になって、前線は数日から数週間にわたってほとんど動かず、停滞前線になります。この間、前線の近くではくもりや雨のぐずついた天気が続きます。

　停滞前線は季節の変わり目に現れやすく、春から夏の停滞前線は「梅雨前線」、夏から秋の停滞前線は「秋雨前線」と呼ばれます。特に梅雨前線が出現すると、気象庁から（東北北部から沖縄地方にかけてのみ）梅雨入りの発表があり、1カ月ぐらい悪天候が続きます。

前線の種類

温暖前線

寒冷前線

停滞前線

閉塞前線

実は、大雨に弱い北海道

　北海道には、大雨で災害リスクが高まる要因がいくつかあります。険しい山が多数存在する複雑な地形、流れが速い川、雪や寒さが要因となります。

高リスク要因① もろい地質で高く険しい山地が多い

　北海道は、面積のほぼ半分を山地が占めています。標高 2000 m 以上の大雪山系をはじめとする険しい山が多くあります。加えて北海道駒ケ岳、十勝岳、有珠山などの火山からの噴出物により崩れやすい地質が形成され、雨や風、川の水で削られやすいのです。このため地形的に大雨災害のリスクが高く、約 12000 カ所の土砂災害危険箇所（北海道河川砂防課、2017 年 9 月現在）があります。

高リスク要因② 川の流れが速い

　道内には多くの急流河川があります。山が高いと川は急勾配になり、流れが速くなるのです。速い流れはエネルギーをもち、川底や崖の土を削る力も強くなります。山から削られた土が下流に運ばれて川底に積もると、洪水の原因にもなります。札幌の市街地を流れる豊平川、旭川市内を流れる忠別川は、全国の都市河川のなかでも有数の急流河川です。

高リスク要因③ 春先に雪解け水が発生する

　春先、雨はさほど降っていないのに、洪水被害が発生するときがあります。山の斜面に降り積もった雪が一気に解け出し、土に水分が染み渡り、地盤が緩くなります。10 ㎝積もった雪が解けた場合の水の量は、約 45 ㎜の大雨に相当します。土が吸収しきれなかった水は勢いよく河川に流れ込み、下流であふれて融雪洪水（☞ P40）を引き起こすことがあります。

高リスク要因④ 川の氷が解けて自然のダムができる

　川を凍らせる寒さも危険な要因です。雪解け時期、解け始めた川の氷は氷の板となって下流へ向かい、川幅の狭い所や橋脚の間に詰まり、流れを塞いで自然のダムを作ります。これをアイスジャムといい、上流域では川があふれます。この氷のダムが解けて急に砕けると、下流では大量の土砂を含む鉄砲水（雪泥流）となり、洪水につながることもあります。

2. 局地的豪雨

積乱雲の王者・スーパーセル

　2006年11月に北海道佐呂間町で発生した国内最大規模の竜巻は、気象庁の検証により、「スーパーセル」から生じたものであると発表されており、そのときのスーパーセルの持続時間は3時間とみられています。スーパーセルの発生は日本では珍しい現象です。

　単一の積乱雲が極めて巨大に成長し、通常の数倍の大きさになったものがスーパーセルです。雷雨やひょう、時には竜巻など、激しい気象現象をもたらします。通常の積乱雲の寿命は30分から長くても1時間程度ですが、スーパーセルの寿命は2〜3時間で、長いと10時間に達することもあります。

　通常、積乱雲は上昇気流によってつくられます。積乱雲が雨を降らせると、雨粒が周囲の空気も引きずり降ろすため下降気流が発生し、積乱雲のエネルギーになる上昇気流を打ち消し、雲は衰弱していきます。つまり、雨がある程度降ると、積乱雲は消滅するのです。

　ところが、スーパーセルは上昇気流と下降気流が別々に存在して雨が降っても打ち消されないため、寿命が長くなります。発生すると、ほぼ間違いなく雷雨になり、ひょうや突風、時には竜巻やダウンバースト（☞P98）をもたらします。

スーパーセルの大きさと寿命

数10km

スーパーセル
寿命2〜3時間

数km

通常の雨雲
寿命1時間前後

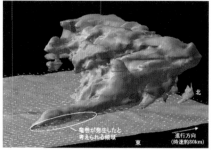

巨大積乱雲「スーパーセル」。佐呂間町通過時のシミュレーション画像。赤い部分では激しい上昇気流が発生　提供：気象庁気象研究所

にんじん雲

　宇宙から撮影した雲写真に「にんじん」が写っていたら、警戒が必要です。

　2014年8月24日、道北を中心に猛烈な雨が降り続き、宗谷管内礼文、利尻富士両町では50年に1度の大雨となりました。礼文町では3時間で93㎜の記録的雨量を観測。土砂崩れにより2人の死者が出たほか、住宅の倒壊や半壊の被害がありました。

　この雨を降らせたのは礼文島上空で発達した「にんじん雲」（衛星画像）。積乱雲が風に吹かれて細長い三角形のにんじんのような形になります。このにんじんの先端に当たる部分では次々と新しい雨雲が生まれ、局地的な集中豪雨になる雲としておそれられています。

　にんじん雲の出現を事前に予測することは困難です。ただ、2016年に新しい気象衛星「ひまわり9号」が打ち上がり、高精度の雲構造解析が進んでいます。にんじん雲を予測できるようになると、事前にエリアを定めた集中豪雨予報が可能になり、土砂災害対策につながることが期待されます。

礼文島上空でにんじん雲ができる様子

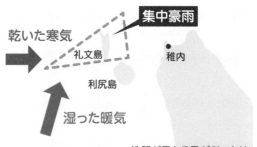

性質が異なる風がぶつかり、にんじん型に雨雲が形成

2014年8月24日午前9時の気象衛星画像

提供：ウェザーニューズ

積乱雲の大行列─線状降水帯

　2010年8月23〜24日、北海道に「線状降水帯」が発生しました（気象レーダー画像）。上川地方の天人峡や勇駒別温泉では道路が決壊。観光客が孤立し、救助のため自衛隊のヘリコプターが出動しました。

　近年、日本各地で土砂災害や洪水などの甚大な災害をもたらし、たびたび耳にするようになった線状降水帯。同じ場所で集中的に雨を降らせ、短時間に記録的な大雨をもたらします。2014年8月の広島県の土砂崩れや、2018年7月の西日本豪雨（「平成30年7月豪雨」）は、この線状降水帯によるものです。北海道でも数年に一度の頻度で発生しています。

2010年8月24日
気象レーダーに映し出された線状降水帯

8月24日 2時00分

提供：ウェザーニューズ

　大気中で冷たい空気と暖かい湿った空気がぶつかると、上昇気流が生じて積乱雲が発達します。積乱雲が強い雨を降らせながら、上空の風によって移動すると、元の場所に新たな積乱雲が発達します。これが繰り返されることで、積乱雲が行列するように線状に連なり、線状降水帯となって同じ地域に長時間激しい雨を降らせます（右ページ図）。

　個々の積乱雲は数十分から1時間程度で消滅しますが、近くに前線などがあって湿った空気が次々と流れ込むと、積乱雲の発生が止まらずに雨が長く続きます。

　この非常に危険な線状降水帯が発生したらいち早く情報提供する取り組みが2021年6月から始まりました。

　線状降水帯の発生が発表されると、「○○地方では、線状降水帯による非常に激しい雨が同じ場所で降り続いています」「命に危険が及ぶ土砂災害や洪水による災害発生の危険度が急激に高まっています」と警戒を

呼びかけます。しかし、線状降水帯が発生した地域では、この時点で災害が起きている可能性もあり、避難がすでに遅い場合もあるのです。そこで、翌年6月から、気象庁は線状降水帯の発生予測を始めましたが、予測された地方での的中率は4回に1回程度で、精度にはまだ課題があります。

　ただ、研究は大きく前進しています。2022年7月、名古屋大学を中心としたアメリカや台湾などの国際共同研究チームが、線状降水帯を生み出す「大気の川」の日本初となる大規模な航空機観測を実施し成功しました。こうした観測とデータ解析を重ねていくことで、将来的な線状降水帯予測の精度向上につながると期待されています。

　気象庁はウェブサイトで、大雨による災害発生の危険度の高まりを地図上で確認できる「危険度分布」を公開し、「キキクル」の愛称で使用を呼びかけています（☞ P148）。

線状降水帯の発生のしくみ

※①〜④を繰り返すことで
積乱雲ができては流され、
結果的に線状に並ぶ

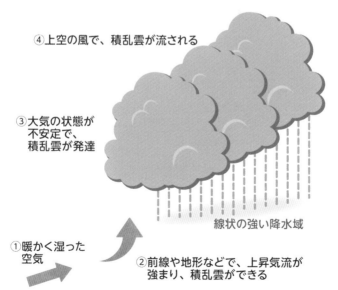

④上空の風で、積乱雲が流される

③大気の状態が
不安定で、
積乱雲が発達

線状の強い降水域

①暖かく湿った
空気

②前線や地形などで、上昇気流が
強まり、積乱雲ができる

お天気コラム 北海道の異常気象

　本州や九州では、梅雨の末期には毎年のように豪雨災害に見舞われていて、近年では被害が甚大になっています。

　特に「にんじん雲」や「線状降水帯」などが出現すると、局地的に猛烈な雨が降るのですが、日本気象協会と北海道大学の山田朋人氏によると、北海道でもこれらの現象の観測回数が増えているそうです。これらは気温が高くなる6〜9月に集中しており、地球温暖化が関係していると思われます。気温が高くなると、空気中に含まれる水蒸気が多くなり、雨雲が発達するエネルギーが大きくなります。さらに北海道の上空にはもともと寒気があるため、地上の暖気が強くなると、寒気と暖気が激しくぶつかり合ってバランスが崩れ（大気の状態が不安定となり）、積乱雲がさらに発達し、にんじん雲や線状降水帯が形成されやすくなるのです。

　このまま温暖化が進むと、1時間に30㎜以上の激しい雨が、将来ますます増えそうです。気温が1℃上がると、北海道の日本海側では、1時間に降る雨量が6.6％増加するとの研究もあるほどです。実際、北海道でも本州並みの降水量や、南の地方によく見られる降雨パターンが増えてきています。体感としては、蒸し暑さのなかの土砂降りで、南国のスコールのような雨です。

　これらのことから、今後は北海道でもゲリラ豪雨が多発するようになっていく可能性があります。冬季にはゲリラ豪雪が多発するかもしれません。温暖化で、気温だけではなく海水温も高くなり、雪雲が発達するエネルギーがいっそう大きくなるからです。

予測がとても難しい、ゲリラ豪雨

　「ゲリラ豪雨」は、気象用語ではなくマスコミによる造語で、突発的で予測が極めて難しい局地的な大雨を表現した言葉です。2008 年の新語・流行語大賞のトップ 10 に選出されました。新たな言葉の出現は、新たな気象現象が登場した証です。

　ゲリラ豪雨をもたらすのは、活発な 1 つの巨大な積乱雲です。寿命は 30 分から 1 時間と短いですが、含まれる水の量は約 150 〜 200 万 t。これがいっぺんに降ってきます。イメージとしては、札幌ドーム（容積約 158 万 t）に満杯の水を入れ、ひっくり返す感じです。

　さて、ゲリラ豪雨はその名の通り、事前予測がとても難しい現象です。アメダス（☞ P57）は 17km に 1 つしかないので、水平方向に 10km²の大きさしかない積乱雲をとらえるのは難しく、予報ができないのです。

　ゲリラ豪雨が発生しやすい日は、気象予報士が「大気の状態が不安定」と言っているときです。地上と上空の温度差が大きく、雨雲が発生しやすくなっています。晴れていても「雷注意報」が発表されていたり（特に、朝から発表されていると午後に気温が上がっていっそう不安定になりやすい）、急に空が暗くなってひんやりとした風が吹き始めるときは、ゲリラ豪雨の可能性があると考えてください。

　気象庁は、「豪雨」を「著しい災害が発生した顕著な大雨現象」、「局地的な大雨」を「同じような場所で数時間にわたり強く降り、100mm 〜数百mmの雨量をもたらす雨」としています。

　そして、甚大な被害をもたらしたものを「○○豪雨」として気象庁が命名し、記録に残すことがあります。例えば、「令和 2 年 7 月豪雨」（熊本県を中心に九州地方で大きな人的被害が出た「熊本豪雨」）や「平成 30 年 7 月豪雨（西日本豪雨）」（西日本を中心に全国に被害をもたらし、道内でも崖崩れなどの被害が発生した）などです。

　なお、「ゲリラ」が軍事的なものを連想させるとして、近年では「局地的豪雨」という表現が使われることも多くなっています。

ひょうを降らせるのも積乱雲

　発達した積乱雲の中は、激しい上昇気流と下降気流が入り乱れていて、氷の粒が雲の中を上へ下へと行ったり来たり。水滴を付着させながらどんどん成長し、ある程度の大きさになると落下してきます（下図）。

　直径が5mm未満を「あられ」、5mm以上になったものを「ひょう」といいます。時に野球ボール大になり、落下速度はプロ野球投手並みの時速140kmにも。農業用ハウスや窓ガラス、車のボンネットなどを破損し、畑の作物を傷めてしまいます。

　ひょうの季節は「春から初夏」と「秋」です。冬は空気が乾燥しているため、ひょうの成長に必要な水分が足りず、真夏は落ちている間に解けて大粒の雨として降るからです。

　北海道の過去76年間をさかのぼったひょう害件数の調査によると、多いエリアは6つあります。羽幌から苫前、中空知から岩見沢、上川中部から南部、北見から斜網地区、十勝北部から中部、根釧台地です。このうち特に多いのが、北見・斜網地区です。地元の方によると、北見では6月12日がひょうの厄日だとか。高温で不安定なとき、大雪山系で発達した積乱雲が風に流されてきて、ひょうの通り道になるのです。

　一方、羽幌地区のひょうは9～10月に多発しています。この時期は、暖かな日本海と大陸からの寒気との温度差で、大気の状態が不安定になりやすいのです。

直径3cmはある「ひょう」
（2022年6月2日、群馬県藤岡市）
提供：ウェザーニューズ

ひょうとあられのでき方

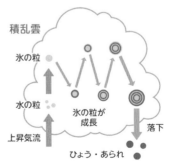

積乱雲
氷の粒
水の粒
氷の粒が成長
上昇気流
落下
ひょう・あられ

お天気コラム 「大気の状態が不安定」とは？

　天気予報でよく耳にする「大気の状態が不安定」という言葉。聞いたことはあっても意味は良くわからないという方も、多いのではないでしょうか。

　地上の暖気と上空の寒気の温度差が大きいとき、激しい空気の対流が起こります。地上の暖気は軽いので上昇気流となって上空に向かい、上空の寒気は重いので下降気流となって地上に降りてきます。強い上昇気流が発生すると、積乱雲が局地的に発達しやすい状態になります。これを「大気の状態が不安定」といいます。

　このような日は天気を読むのが大変難しく、よく晴れて何事もなく終わることもあれば、雷雨やひょう、突風が発生することもあります。

　ただし不安定さの度合いは、地上と上空5500m付近の気温差を目安に推測でき、その差が大きいほど激しい気象現象が発生する可能性が高くなります。特に、気温差が40℃以上ある日は必ずと言っていいほど激しい気象になり、局地的な大雨や雷、ひょうが降ることが多いのです。上昇気流が激しくなり、積乱雲が最大レベルまで発達するため、竜巻が発生してもおかしくありません。

　実際、2006年11月に佐呂間町で日本史上最大級の竜巻が発生しましたが（☞P94）、当日の地上の最高気温は18.4℃（11時40分）、上空5500m付近の気温は−22.5℃で、その差は40.9℃でした。

　なお、上空5500mの気温は、道内では札幌、稚内、釧路で観測しています。高層天気図から、事前に上空の予想気温を知ることができますが、データは気象庁のウェブサイトでも公開されています。興味のある方は見てみてください。

札幌は「都市型水害」に要注意

1990年代後半から増えている大都市のゲリラ豪雨（局地的豪雨）。原因の1つに、「ヒートアイランド」があげられます。アスファルトの蓄熱や日差しの照り返し、夏場のクーラーによるビル群からの排熱などによって、都市部だけが極端に暑くなる現象です。地上付近の気温が高くなることで、急激な上昇気流が起こり、突然、活発な雨雲が発生することがあるのです。

札幌も周辺地域に比べ突出して気温が上昇しています。都市化の影響が小さい全国15地点においては100年あたり1.5℃の気温上昇率であったのに対し、札幌の気温上昇率は2.6℃です（気象庁2021年6月）。

加えて、札幌では地形的な影響もあります。札幌の東には夕張山地があり、西にも手稲山、札幌岳、恵庭岳、樽前山など山が連なっています。そのため、風は平野を吹き抜け、札幌から苫小牧に向かう道央道が風の通り道になりやすいのです。苫小牧方面から札幌に向かうように吹く南東風と、石狩湾から吹く湿った海風がぶつかると（下図）、風は行き場を失って上空に向かい、上昇気流が強められて積乱雲が発生し激しい雷雨となるのです。

厄介なのは、都市部の大雨は容易に被害を引き起こすことです。田畑や森林などと違って、コンクリートやアスファルトは雨を吸収しません。アスファルトは雨水の約20％しか吸収で

石狩湾

風がぶつかり
積乱雲が発生

札幌
手稲山
札幌岳
恵庭岳
樽前山

夕張山地

苫小牧

きないというデータもあります。雨水は排水溝を目指して流れ、一気に大量に降ると排水が追いつかず、マンホールから噴水のように水があふれてきます。

　もともと雨が少ない札幌は全国の都市部で最も排水能力が低く、下水道の処理能力は、東京、名古屋が1時間に50㎜、大阪60㎜に対し、札幌は35㎜が限界です。近年、札幌ではこれを上回る雨量を観測しており、2012年9月9日、2010年8月24日に42㎜、2015年8月7日には39.5㎜を記録しています。

　さらに札幌では、冬場の雪に備えて地下の都市機能を整備しているため、万が一地下鉄や地下街が水没すると人の命に関わります。また、都市部はライフラインが複雑に張り巡らされているため、一部地区の水害であっても電気系統やガス系統のストップにより都市機能のまひにもつながりかねません。

　今、札幌市はさらなる開発が進んでいますが、雨量が想定を超えて増加しているなかで治水設備の整備が追いついていないのが現状です。都市型水害への備えは、まず各個人がしっかりと危険を認識して行動することから、と言えそうです。

増水した厚別川があふれ、道路や駐車場が冠水した（2014年9月、札幌市白石区）

北海道の雨を監視する

　局地的な豪雨をもたらすのは積乱雲に違いないのですが、実は雨を降らせるメカニズムは完全に解明されていません。というのも、積乱雲の中に入って観測することが難しいからです。

　例えば、飛行機に乗ったとき、ごく小さな積乱雲を通過するだけでも激しく揺れることがあります。発達した積乱雲の内部には、非常に激しい上昇気流と下降気流があるので、中に入って観測することはできません。このため積乱雲の観測では、試行錯誤が繰り返されています。

　気象庁気象研究所は、風船にビデオカメラを取り付け、積乱雲の中を飛ばして観測する「雲粒子ビデオゾンデ」を開発しました。ただ、風船は風まかせに飛んで行ってしまうのでコントロールができず、狙った雲の中を撮影するのは、なかなか難しいようです。

　近年、名古屋大学の研究グループがジェット機を使って台風の雲の中に観測装置を投下し、気圧・気温・湿度・風の測定に成功しています。近い将来、台風予報の精度が飛躍的に上がると期待が高まっています。

　積乱雲の観測に有力な機器は、気象レーダー（ドップラーレーダー）です。雨雲に電波を当て、はね返ってきた電波（エコー）を測ることによって、雨雲の発達具合がわかり、降水量が推測されるのです。天気予報でも、雨が降ると「レーダーによる雨雲の様子です」と画像データを見ながら解説をつけたりします。

　現在、ドップラーレーダーは、気象庁管轄で全国に20基、うち北海道には小樽市の毛無山、釧路管内釧路町昆布森、渡島管内七飯町横津岳の3基があります。できるだけ遠い雨雲も観測できるように、山の上に建てられています。

　さらに、従来の気象レーダーの性能をはるかに上回る「Xバンド MP レーダ」が北海道開発局によって北広島市と石狩市に設置されました（右ページ写真）。250m 間隔という高い分解能で1分単位の多頻度の観測ができ、リアルタイムの雨量情報を提供できます。

北海道開発局の X バンド MP レーダ
提供：北海道開発局

　札幌を囲むように道央圏の積乱雲の雨量監視体制が強化されており、石狩川水系の下流域の洪水予報にも役立てられています。これは、国土交通省「川の防災情報」（☞ P33）として、ほぼリアルタイムの雨量情報が一般にも公開されています。

　気象庁もさまざまなデータを解析し、「高解像度降水ナウキャスト」としてデータ提供をしています。

　合わせて最近では、1分以内の時間間隔で積乱雲の立体構造が観測できる「フェーズドアレイレーダー」や「高感度雲レーダー」が試作されています。日進月歩の技術により、近い将来、局地豪雨の謎が解き明かされ、予測が可能となるかもしれませんね。

気象庁「高解像度降水ナウキャスト」

https://www.jma.
go.jp/bosai/nowc

3. 洪 水

洪水が起きるしくみ

　2016 年 8 月、十勝管内の清水町で、どこにでもあるような小さく穏やかな川、小林川が突然あふれ出しました。川の近くのログハウスが建物ごと流されて住民が行方不明となり、牧場を一夜にして飲み込んでしまいました。

　このように、近所の小川が急にあふれることがあります。雨の前触れすらなかったのに、上流に降った雨によって数分で洪水が発生することがあるのです。そのような洪水を「フラッシュ・フラッド（瞬発性洪水）」と呼びます。

　フラッシュ・フラッドは、北海道でも中小河川や沢で発生しやすい現象です。大きな河川や護岸工事がなされた河川は、少しくらい雨量が多くても持ちこたえられますが、規模の小さい川や沢は川幅が狭く、水位も上昇しやすいため、すぐにあふれてしまいます。

　北海道では特に、雪解け後は、雪解け水が川に流出し、水位が高くなりやすいため、大雨が降ると洪水が発生しやすくなります。

　また、局地的な豪雨や雷雨が、川の急激な増水である「鉄砲水」を引き起こすこともあります。上流の小さな沢で発生した鉄砲水をきっかけに下流が氾濫し、洪水が発生することもあります。

　大きな河川については、北海道や気象台から「洪水予報」が発表されたり、「避難情報」などの対象になっていますが、小さな川や沢は、防災機関も水位を把握できていないのが現状です。川の水位を確認しようとして近づき、増水した川に流されて命を落とす人が毎年、後を絶ちません。防災情報が発表されていなくても、増水

清水町内で氾濫した川に流される住宅
（2016 年 8 月 31 日午前 9 時 20 分）

しているときには安易に川には近づかないでください。

　洪水の予報である「氾濫危険情報」が出ると、その川は60分以内に氾濫するかもしれません。

　わかりやすい情報として、主要な川の水位の状況を「川の防災情報」で確認できます。いざというときのために国土交通省のハザードマップポータルサイトでも自分の住んでいる地域を事前にチェックしておきましょう。

国土交通省「川の防災情報」

https://www.river.go.jp

国土交通省
「ハザードマップポータルサイト」

https://disaportal.gsi.go.jp/

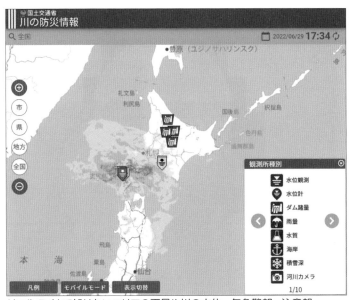

リアルタイムで知りたいエリアの雨量や川の水位、気象警報・注意報、土砂災害警戒情報、主な河川のライブ画像などを見ることができる国土交通省「川の防災情報」

札幌で洪水発生!? 何が起こるの？

　近年、全国各地で観測史上一番の大雨を更新することが珍しくありません。

　これまでの札幌で記録に残る一番の大雨は、1981年8月3〜6日に起きた「56水害」（☞ P37）時の4日間の総雨量294㎜です。56水害を踏まえ、豊平川では河川改修が進められていますが、施設では防ぎきれない大洪水も想定し、北海道開発局札幌開発建設部は、豊平川流域で72時間の総雨量が406㎜を超えた場合の浸水シミュレーションの結果を公表しています（下表、右ページ図）。

豊平川の浸水シミュレーション

経過	市内の様子	気象情報など
大雨が続く	排水溝から水があふれるようになる	大雨・洪水注意報から警報に切り替わる
豊平川の南19条大橋付近が破堤＜決壊＞（石狩川合流地点から上流17km付近）	地下鉄幌平橋駅付近から中島公園付近の市街地へ水が広がり始める	大雨特別警報が発表されている
破堤から100分後	あふれた水は、創成トンネルへ到達	想定される浸水深30cm
破堤から120分後	あふれた水は、すすきの交差点へ到達。地下街や地下鉄ホームにも流れ込む	想定される浸水深40cm
破堤から140分後	大通駅も浸水。特に北2条付近の水深が深くなると想定されている	
破堤から200分後	あふれた水は、札幌駅付近へ到達。地下歩行空間にも地下出入口から水が流れ込む	想定される浸水深50cm
破堤から6時間後	あふれた水は、札樽自動車道、札幌北インターチェンジ、モエレ沼公園へ到達	
破堤から12時間後	あふれた水は、JR新琴似駅、地下鉄麻生駅に到達	
破堤から20時間後	あふれた水は、茨戸川付近に到達	

豊平川が決壊した場合、決壊から200分後の浸水シミュレーションマップ
（想定される最大規模の406㎜が72時間に降った場合）

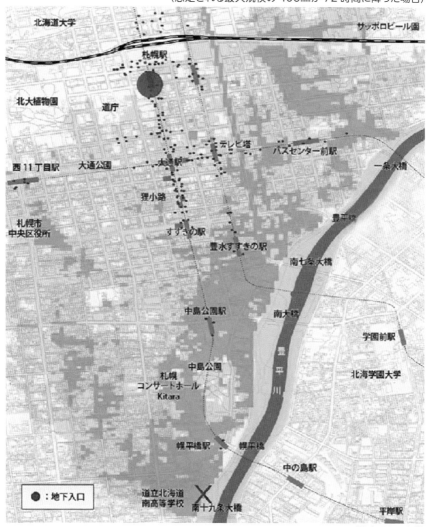

● ：地下入口

浸水 50㎝未満
浸水 50㎝以上
画像提供：北海道開発局

札幌市は、豊平川、発寒川などの河川のほか、石狩川本流の氾濫によって土砂などが堆積した扇状地や氾濫原に位置していることから、「56水害」以降、河川改修が進んだ現在でも潜在的に水害の発生しやすい地域と考えられています。

　特に、豊平川は大都市を流れる川のなかでも国内有数の急流です。小金湯温泉付近（標高約168m）から幌平橋付近（標高約21m）までの標高差は約147mあります。これはさっぽろテレビ塔と同じぐらいの高さです。小金湯温泉から幌平橋までの豊平川の距離は約20kmなので、この落差を水が流れ下ります（札幌開発建設部資料より）。川の流れが速ければ、それだけ氾濫したときに市街地に流れ出る勢いも強く、被害も甚大になります。

　洪水の恐ろしさは、浸水エリアがどんどん拡大することです。氾濫してまもなく浸水した場所だからといって早く水が引くわけではなく、被害は継続します。さらに、防災・救助機関が被災した場合は、消防や救急車の出動も困難になります。

　また、札幌は、雪に強い街づくりが進んでいて、地下やアンダーパスが発達しています。こうした対策が、大雨に関しては、被害を大きくすることもあります。

　近年、都市部の大雨被害で多いのは、街なかの道路は問題なく走行できても、アンダーパスでは数十cmも浸水していて、それを知らずに走行し、車体が水に浸かってエンジンが止まり、かつ水圧でドアが開かなくなり閉じ込められるケースです。

　自分の身を守るために、普段からどこが最も危険で、どこに逃げたらいいのかを知っておくことが大切です。一方、高いビルなど都市部ならではの避難場所があることも覚えておくとよいでしょう。

札幌開発建設部が豊平川の堤防決壊を想定した「浸水シミュレーション」の動画の一場面。
札幌駅前通地下歩行空間（チ・カ・ホ）が浸水している様子
提供：北海道開発局

お天気コラム 56水害——石狩川流域で起こった歴史的な大洪水

　「56水害」とは、1981（昭和56）年の8月上旬と下旬に起きた2つの水害の総称です。石狩川や千歳川などが氾濫し記録的な洪水被害となりました。

　8月3日～5日、樺太（サハリン）中部に発達した低気圧から南に延びる前線が北海道中央部に停滞し、これに北上した台風12号の影響が加わって豪雨となりました。石狩川流域では8月3日夕方から6日朝まで雨が降り続き、総雨量は札幌で約294㎜を記録。市内では石狩川が氾濫し、大洪水を引き起こしました。家屋全半壊2棟、床上浸水1177棟の被害が出ています。

　この最初の洪水では、石狩川の一部で水が堤防を越えてあふれ出したばかりでなく、水位が増した石狩川に流れ込むことができなかった支流や排水路などの水があふれる被害が目立ちました。当時の新聞によると、江別市の3分の1が水没したとも伝えています。

　さらに2週間後の23日、追い打ちをかけるように台風15号が北海道を襲います。総雨量229㎜もの豪雨が再び発生したことによって、2度目の記録的な大洪水をもたらしました。

　これらの大洪水は、観測史上最大の降雨量、流量を記録し、北海道全域で死者10人、氾濫面積約1752㎢、被害家屋約45000棟もの甚大な被害を及ぼしました。

氾濫した石狩川
（1981年8月6日朝、石狩町〈現石狩市〉上空から上流方向を撮影）

大雨で逆流──バックウォーター現象

　川は雨水を海に流す役目をしてくれますが、川の許容量を超える大雨が降ると、あふれるどころか、むしろ逆流し、被害が甚大になることがあります。

　2018年の「平成30年7月豪雨」で、岡山県倉敷市真備町地区では、町の4分の1が水没しました。原因の1つとして、「バックウォーター（背水）現象」が発生したことが考えられています。これは、川の支流が本流に流れ込めず逆流してあふれてしまう現象です（下図）。大雨によって本流が増水し水位が高くなると、支流との合流地点がせき止められて、支流の流れが逆流し氾濫してしまうのです。

　道内でも、2016年8月の台風で常呂川ほか複数箇所で発生するなど、バックウォーター現象は珍しくありません。特に発生しやすいのは千歳川です。勾配が緩いため、石狩川本流に流れ込む勢いが弱く、石狩川の水位が少しでも高いと逆流してしまうのです。

バックウォーター現象

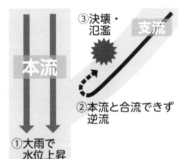

提供：北海道開発局 札幌開発建設部

　もともと、本流の石狩川流域の平均雨量が約1300㎜であるのに対し、千歳川流域は約1500㎜と雨が多く、洪水そのものが起こりやすい場所でもあるのです。近年でも、ほぼ2年に1回という頻度で水害が発生しています。このため、流域の江別市・北広島市・恵庭市・千歳市・長沼町・南幌町では被害の軽減のために遊水地の整備などが進められ、4市2町に1カ所ずつ、計6カ所の工事が2019年度に完成しました。

　このバックウォーター現象は、開拓当時の発寒川（今の琴似発寒川と発寒川）と琴似川でも頻繁に起こり、札幌北部は洪水被害に悩まされていました。しかし1886（明治19）年から1887年にかけて新川が開削されたことで（地図）、上流部の流れが西方向の石狩湾に向けられ、札幌北部の水害は軽減されました。ただ、今度は新川沿いが洪水に見舞われやすくなってしまいました。のちに河川改修を重ねて、徐々に農地、住宅に適する土地に変わっていきました。

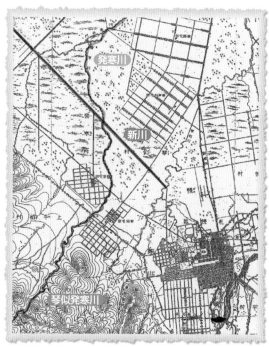

札幌市下水道河川局作成「さっぽろの川と人々のくらし」パンフレットより
ベース地図：国土地理院発行 明治29年5万分の1地形図「札幌」

春先は要注意！ 融雪洪水

　雪や氷の塊は、大雨が降ったのと同じリスクが生じる可能性があります。融雪のペース次第では、台風などに伴う大雨よりも、洪水が発生しやすくなるのです。特に、4〜5月の夕方から夜半に雨が降ると要注意です。

　春先の大地はまだ凍結していて、解けた雪や大雨を吸収できません。そんな状況で、山のぎゅっと詰まった雪の塊が解けると、膨大な量の水となって川や湖に流れ込み、限界を超えた水があふれ出して、融雪洪水を引き起こすことがあります。実際、石狩川は年間水量の約60%が雪解け水で、道内のほかの河川でも、約半分以上が雪解け水です。

　山地も含めたすべての雪が解け切るまでの期間は長く、洪水発生の要注意期間は4〜5月ですが、年によっては6月前半にかけても増水した状態が続きます。1日の中で水位がピークになる（水位が最も高くなる）時間帯は、たいてい、夕方から夜半にかけてです。最高気温が観測される昼過ぎに山の雪解けが最も進むためです。流域面積が広い川ほどその水が集まるのに時間がかかるので、ピークの時間が遅くなります。

　昭和前半は、ほぼ毎年のように被害が発生し、とりわけ石狩川、十勝川、天塩川の本流および日高の河川に多く、時には地すべりも伴い、家屋の浸水、道路・橋梁の破損など大きな被害をもたらしました。近年は、河道整備やダムによる洪水調整が進み、融雪洪水の災害件数、規模はともに減少傾向です。ただ、温暖化による融雪時期の早まりや、以前に比べて春先の雨量が増加傾向にあるため、再び、融雪洪水の大きな被害が発生することも考えられるのです。

　融雪洪水で注意しなければならない気象条件は、移動性の高気圧に覆われ、4〜5日間、晴天と高温が続いたあと、低気圧が日本海を北上するパターンです。南風による暖気が入り、晴天時よりも気温が上昇し水位がいっそう上がります。特に、水位がピークになる夕方から夜半に低気圧が通過して雨が降ると、川は容易にあふれてしまいます。

お天気コラム 雨雲の謎の空白地帯

　渡島管内八雲町に住む方から「道南に絶対に雨が降らないエリアがあるのは、どうしてですか?」と質問がありました。全道に雨雲がかかっても、気象レーダーに映らない地域があるとのこと。過去の気象レーダーをさかのぼってみると、確かに、低気圧や台風のときに、広範囲で大雨が降っていても、渡島管内七飯町から八雲町、檜山管内せたな町の一部で、気象レーダーが雨雲を観測していません。そこだけ雨雲に切れ込みを入れたような、空白地帯が存在していたのです(気象レーダー図)。

　気象庁に問い合わせをしたところ、ようやく納得できました。

　道南の雨雲を観測する気象レーダーは、七飯町の横津岳(標高 1167 m)にありますが、その設置場所が関係していたのです。

　高さが足りなかった函館山(標高 334 m)のレーダーが、1992 年 10 月に横津岳に移設されました。ただ、山頂にはすでに航空路監視レーダーがあったため、少し低い場所に設置されました。横津岳の気象レーダーは、アンテナをぐるりと回転させて、周囲の雨雲を観測していますが、北西方向は山頂が邪魔をして観測できないため、横津岳の北西側にあたる七飯町からせたな町の一部は、雨雲があっても気象レーダーに映らないのです。

　なお、地上観測のアメダスや気象衛星の雲画像など、常に複数のデータから気象を分析しているので、予報精度には問題はありません。

2022 年 10 月 4 日の気象レーダー

提供:ウェザーニューズ

4. 土砂災害

雪解けが引き起こした土砂災害

　北海道のゴールデンウィークは行楽シーズンの幕開けですが、2012年の大型連休は道内各地で土砂災害が発生し、観光地や温泉地を結ぶ道路が通行止めとなり、観光も台無しになってしまいました。

　最も大規模な土砂災害が発生したのは、札幌と道南を結ぶ国道230号の中山峠付近から札幌寄りに約5kmの地点。道路下の土砂が幅25m、長さ110mにわたって流れ出ました。地すべりや土砂の崩落が起こり、崩れた土砂は約13000㎡にもなりました。通行止めは20日間続きました。

　2012年5月3日から5日にかけて、北海道付近を発達した低気圧が通過し、3〜7日の雨量は80㎜を超えていました。ただ、これは極端に多い雨量ではないのです。近年、夏から秋にかけて100㎜超えを何度も観測していましたが、持ちこたえていました。

　この土砂災害を後押ししたのは、山の雪です。現場付近は4月23日の時点で積雪が約165㎝もあり、過去5年平均より50㎝も多くなっていました。また、4月30日と5月1日、札幌では最高気温が25℃以上の夏日となりました。

国道230号の中山峠付近で起きた土砂災害のしくみ

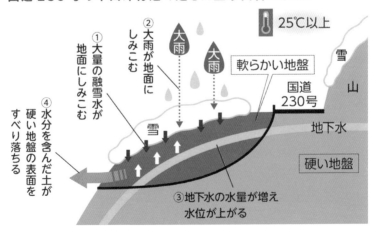

　例年より多かった残雪がこの季節外れの高温で急速に解け、火山性の堆積物で覆われた峠付近の土はたっぷりと水分を含み、すでに崩れやすくなっていたのです。

　この土砂災害は、3つの悪条件が重なりました。1つは残雪が多かったこと、2つ目は季節外れの夏日になったこと、そして3つ目は低気圧が通過し雨が降ったことです。

　ちなみに、近年発生した融雪による土砂災害として、2018年3月9日の国道236号広尾町から浦河町にかけての道路への土砂流出、2015年4月3日の道道八雲厚沢部線での土砂崩れ、2015年4月24日の羅臼町の地すべりが挙げられます。

中山峠近くで長さ100mにわたって斜面の土砂が流れ出た現場
（札幌市南区定山渓の国道230号、2012年5月7日）

大雨で崩れた急斜面

　2016年9月9日、台風から変わった低気圧と前線により、北海道は朝から大雨が続きました。夕方の天気予報の時間でも、知床半島南東部に非常に活発な雨雲がかかり続け、天気予報などで繰り返し大雨に対する警戒が呼びかけられました。羅臼町ではすでに、その日の降水量は200mm近くに達しており、町の大雨記録となっていました。同町では8月の3つの台風や大雨で8月下旬にも土砂崩れが起こったばかりです。

　UHB報道部気象班でも雨量データを監視するなか、午後8時ごろ災害が発生しました。羅臼町の国道335号で、すでに土砂が崩落していた道路周辺を監視中の車が、大規模な崖崩れに巻き込まれたのです。

　海岸に面した約45°の急斜面の崖が崩れました。崖の高さは20mでしたが、崩落の規模は奥行60m。多量の水を含んだ土砂が一気に崖を流れ落ち、100m以上離れた海岸を超えて海中にまで流入していました（写真）。巻き込まれた車は国道下の海に転落し、乗っていた男性1人が命を落としました。

　山崩れや崖崩れの土砂は、崩れた斜面の高さの約3倍の距離まで広がります。羅臼町の事例のように、水分が多ければ、5倍ぐらいまで広がる場合があります。崩落の土砂のスピードはかなり速いため、逃げられな

羅臼町礼文町で2016年9月9日に発生した土砂崩れ

いかもしれません。

　北海道の沿岸部では、住宅が海や港に面していたり、すぐ裏が山や崖であることも多く、山の斜面に立つ家もあります。山崩れや崖崩れは突然発生しますが、地鳴りや山鳴りがする、小石が落ちてくる、崖に割れ目、ひび割れが見られるといった前兆があるといわれています。山の斜面に家を構えている人は、いつもと違うと感じたらすみやかに避難してください。避難の際は、山を背にして逃げるのではなく、土砂の流れる方向に対して直角に逃げてください。

　危険な箇所は「北海道土砂災害警戒情報システム」や、札幌市「土砂災害危険箇所」で確認できます（ページ下）。

土砂災害の主な予兆

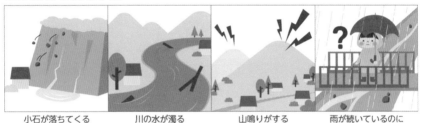

| 小石が落ちてくる 水が湧き出る | 川の水が濁る 流木がある | 山鳴りがする | 雨が続いているのに 川の水位が下がる |

土砂災害の種類

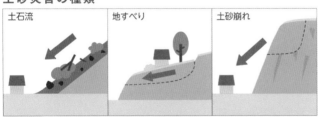

| 土石流 | 地すべり | 土砂崩れ |
| 谷や斜面にたまった土石が 雨水であふれ出す | ゆるやかな斜面全体が ゆっくり動き出す | 斜面が突然崩れ落ちる |

北海道土砂災害警戒情報システム

https://www.njwa.
jp/hokkaido-
sabou/

札幌市「土砂災害危険箇所」

https://www.
city.sapporo.jp/
kikikanri/higoro/
fuusui/dosha_
kiken.html

春の土砂災害の危険サイン──5℃以上、30mm以上

　3月末〜5月は、北海道の大地が雨に対して弱くなる時期です。

　雪解け水で、山は水分を含み、川の水位が上がり、少しの雨でも土砂災害や洪水が起こりやすくなっています。過去の事例から、春先に30mm以上の雨が降ったら、要注意です。

　雪解け開始の目安は、「日平均気温が5℃以上」になる日。大まかに言うと、最高気温と最低気温を足して2で割ると5℃以上になる日ということです。ぜひ、お住まいの場所の天気予報から推察してみてください。

　例年、3月末から4月前半頃に雪解けが始まります。いったん山の融雪が始まると、雪質のざらめ化が進んで雪が解けやすくなり、その後ある程度気温が下がったとしても、雪は解け続けます。

　融雪最盛期には1日10cmの割合で積雪が減っていきますが、これは雨量に換算すると約45mmに相当します。毎日、これだけの雨が降っているのと同じことなので、地面には雪解け水がしっかり染み渡っていきます。4月から5月末にかけて、地盤は1年で最も緩み、崩れやすくなっています。この時期は少し雨が降っただけでも、容易に土砂災害につながることがあるのです。

　過去の事例でも、1日に30mmを超える雨が降ると土砂災害の発生件数が増えているので、春先の雨は30mmでも要注意です。雪解けの換算雨量45mmも加わって、75mmの大雨に相当します。実際、気象台から発表される「融雪注意報」も、24時間雨量と融雪量の合計で発表され、札幌のほか道内多くの地点でこの注意報が発表される基準は70mm以上です（旭川は60mm）。

　ちなみに、山の雪は水を蓄える「天然の白いダム」でもあります。全国で一番雨が少ない北海道が水不足や渇水と無縁なのは、雪の恩恵によるものです。水資源のほか、灌漑や水力発電のエネルギーにもなります。雪は、恩恵とリスクが隣り合わせなのです。

土砂災害リスクが高い場所を知ろう

　北海道は、全国に比べると傾斜地が少なく、なだらかな土地が多いのですが、それでも半分は山地です。道内では年平均25件の土砂災害が発生していて、大雨災害による死者・行方不明者の約半数が土砂災害によるものです。

　「雨は昔の地形を忘れない」といいます。過去に土砂災害が発生した場所は、大雨に脆弱で、対策がとられていない場所では繰り返されるおそれがあります。以前は、災害リスクが高い場所は、土地価格の下落などを懸念して一般には公表されていなかったのですが、今はしっかりと分析され、情報も開示されています。

　土砂災害防止法に基づき、土砂災害のおそれがある区域は「警戒区域」（通称イエローゾーン）、土砂災害があった場合、建物が破壊され、住民の生命または身体に著しい危険が生じるおそれがある地域を「特別警戒区域」（通称レッドゾーン）と定めています。北海道全体では警戒区域が11700カ所、そのうち特別警戒区域が8063カ所です（2022年9月現在、北海道調べ）。札幌市内には警戒区域・特別警戒区域合わせて997カ所（2022年9月現在）もあり、なんと、そのエリアに約7万人も住んでいます。

　札幌市内で土砂災害警戒区域が最も多いのは南区、2番目は人口の多い中央区です。中央区には山地が多く川もたくさん流れており、特に、奥三角山地区や宮の森大倉山地区には、特別警戒区域が集中しています。

　指定エリアは、各総合振興局や市町村で図面などを縦覧できるほか、インターネットでも公開されています（北海道土砂災害警戒情報システム☞P45）。まずは、お住まいの地域の土砂災害リスクを把握し、会社、学校、よく出かける場所やそこまでの経路なども調べておきましょう。そしていざというとき、どこに避難をすべきかを確認しておきましょう。

複合型災害——地震×土砂災害

　2018年9月6日午前3時7分、胆振地方中東部を震源とする地震が発生し、厚真町では最大震度7を観測しました。北海道全域が停電に見舞われた北海道胆振東部地震です。

　厚真町北部の山腹では約44㎢もの大規模な土砂崩れが発生し、崩落した土砂の量は約4900万㎥で、札幌ドーム31個分にもなりました（寒地土木研究所発表）。その土砂に住宅が流されるなどして、37人が犠牲になりました。

　被害が大きくなったのは、前日の天気も関係したのかもしれません。台風21号が、北海道付近を通過したのです。

　厚真町では、観測史上最も強い最大瞬間風速34.3mを記録し、山では多くの倒木被害がありました。専門家の間では、土砂災害を防ぐ杭の役目をする木が失われていたため、山肌の表面が崩れる表層崩壊が起きやすくなっていたと考えられています。

　さらに、この前月から雨が多く、厚真町では平年の1.3倍にあたる220㎜前後の降水量がありました。土砂崩れの起こった斜面は、表面に樽前山や恵庭岳からの火山灰が堆積していて、とても緩い地層でした。これが前月からの雨と直前の台風によって多量の水分を含み、さらに不安定な状態になっていたところへ、地震の衝撃が加わって崩壊したと見られています。

　このように土砂災害は、雨や風によって地層が崩れやすくなったところに、地震が引き金となって起こることもあるのです。

大規模な土砂崩れが発生し、家屋が倒壊した厚真町吉野地区
（2018年9月6日）

お天気コラム 地盤のリスク

　日本列島は、もともと山間部や丘陵が多く、平地の面積は国土の3割しかありません。家を建てられる場所が限られているのです。

　北海道では1972年の札幌オリンピックを機に、宅地開発の際、「切り土」や「盛り土」が行われた所があります。切り土は、斜面の土を切り削ること、盛り土は、ほかの土地の土を盛って整えることです。どちらも、造成された土地ですが、災害のリスクは大きく変わります。

　切り土は、斜面を削っただけなので、地盤は均一で締まって固く、安定しています。一方盛り土は、もとの地盤に違う土が盛られ、地質が異なる2つの層が重なっています。その境目は滑りやすく、雨水が浸透すると空洞が生じて建物を支える力が弱まります。地盤改良工事が不十分な場合、大雨や地震が発生すると、土砂災害や地盤沈下や液状化を起こすのです。

　2018年9月6日、北海道胆振東部地震では、震源地から約50kmも離れた札幌市清田区里塚地区で、大規模な液状化現象によって家が傾くなど、住宅106棟が半壊以上の被害にあい、道路も陥没しました。前日に台風が通過し大雨に見舞われたため、地下水の水位が上昇していたことと、盛り土がもろい火山灰だったことが要因といわれています。

　国土交通省は、土砂災害のおそれがある危険な盛り土地域を抽出して「大規模造成盛土マップ」を作成し、道内は31市町村で公開されています(2022年8月10日現在)。それ以外の地域は、大規模な盛り土が存在していませんが「危険度を示したものではありません」との注意書きがあります。

　まずは、お住まいの地域が盛り土かどうか確認し、該当した場合は今後、地盤調査が行われるのか、いつ頃になるのかを確認しましょう。しばらく予定がない場合は、大雨に見舞われたときは、ほかの土地よりもリスクが高いかもしれないという意識で、早めの避難を心がけましょう。

札幌市大規模盛土造成地マップ

https://
www.city.sapporo.jp/
toshi/takuchi/kisei/
daikibomoridozouseichi.
html

5. 風

風速10ｍってどんな風？

　風の速さは「秒速何ｍ」という単位で表します。これは１秒間に何ｍ空気が移動したかを表しています。例えば、風速10ｍでは１秒間に10ｍ空気が動きます。時速にすると36km。このスピードで走る車の窓をあけたときに感じられる風をイメージしてください。

　そして、空気が動くことによって、圧力が発生します。これを風圧と呼びます。では風圧とはどのぐらいの力なのでしょう。

　例えば、風速10〜15ｍのとき、一般的な大人用の傘（広げた面積が1㎡）にかかる力は15kg。この重さでは、さすことができなくなりますね。風速25〜30ｍだと45kgです。傘はひっくり返って壊れてしまいます。人体の場合は、体型にもよりますが、風速15〜20ｍでも子どもや高齢者は転倒したり、風速25〜30ｍになると、体に約25kg相当の力を受けて、大人でも立っているのが難しくなります。強風被害で最も多いのは、風にあおられての転倒事故です。

　風圧は、風速の２乗に比例します。風速が２倍になれば風圧は４倍、風速が３倍になれば風圧は９倍にもなります。

　風は空気が通りやすい場所を選んで吹き抜けていくため、地形の影響を受けやすく、山に囲まれた谷や都市部のビルの間など、風が集まる場所では局地的に風速が上がり、風圧が高くなります。これを気象用語で「局地風」と呼びます。

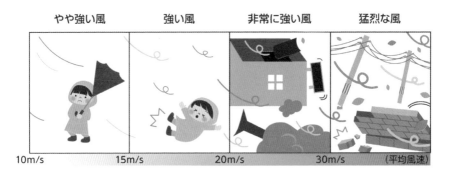

やや強い風	強い風	非常に強い風	猛烈な風
10m/s	15m/s	20m/s	30m/s　（平均風速）

平均風速と最大瞬間風速

　風を吹かせるエネルギーは「気圧差」と「気温差」です。

　低気圧や高気圧が来て気圧差が生じるとき、または、暖かい所と冷たい所があると、空気は自然と混ざり合うように動くので、風が吹きます。

　風は「息をしている」と表現されるように、強まったり弱まったりを繰り返し、不規則に変化します。このため天気予報では「平均風速」と「最大瞬間風速」などに分けて発表しています。

　平均風速は10分間の平均の値です。最大瞬間風速は、瞬間風速の最大値で、平均風速の1.5〜2倍、雷雲発生時など大気の状態が不安定なときは、3倍以上になることもあります。

　風による被害は、瞬間的に吹く突風がもたらすことがほとんどです。例えば、台風の進路予測においては、平均風速15m以上を強風域、25m以上を暴風域と呼びますが、瞬間的にはその1.5〜3倍もの強さになるため、被害を及ぼすのです。下の表は、北海道において、ある風速が観測されたときの人や物、走行中の車の様子を示したものです。

おおよその瞬間風速 (m/s)	風の強さ (予報用語)	平均風速 (m/s)	おおよその時速	屋外の様子	走行中の車
20	やや強い風	10以上 15未満	〜50km	・傘がさせない ・木が揺れ始める ・電線が揺れ始める	道路の吹き流しが水平になる
30	強い風	15以上 20未満	〜70km	・風に向かって歩けなくなり、転倒する人が出る ・高所での作業は極めて危険	高速運転中では、横風に流される感覚が大きくなる
50	非常に強い風	20以上 30未満	〜110km	・ビニールハウスのフィルムが飛ぶ ・木が根こそぎ倒れる ・看板・トタン屋根が飛ぶ	ハンドルがとられ安全な運転ができなくなる
	猛烈な風	30以上	110km以上	・ブロック塀が倒れるなど屋外は極めて危険 ・大規模な停電 （北海道ではめったに観測されない。過去に記録的な台風通過時に観測）	トラックが横転する

等圧線──4本以上は強風のサイン

　予報は風を読むことが大切です。風は雲をあやつり、天気を変え、暑さ、寒さをもたらします。水は高いところから低いところに流れますが、風も気圧の高いところから低いところに向かって吹きます。急に風が強くなってきたときは、低気圧が近づいています。

　天気図を見ると、風が見えてきます。一般的に、等圧線は気圧 4hPa（ヘクトパスカル）ごとに 1 本の割合で書かれていますが、低気圧が発達すると周囲との気圧差が大きくなるので、何本もの等圧線が狭い間隔で同心円を形作ります。

　さて、天気図を見るときは、北海道に何本の等圧線がかかっているか、数えてみてください。4 本だと、全道的に風が強く、傘がひっくり返るほど。6 本以上になると、外出は危険です。立っていられないほどの風で、看板などが落下することがあり、交通機関もストップします。

　北海道にたくさんの等圧線がかかるのは、低気圧や台風が接近したり、通過するときや、「西高東低の冬型気圧配置」が強まったときです。

　下の天気図は等圧線の例です。2013 年 3 月 2 日、爆弾低気圧により 9 本の等圧線が北海道にかかっていました。このときの暴風雪によって、道東を中心に 9 人が死亡。雪を伴っているにもかかわらず風速は大きく、襟裳岬 37.4 m、羅臼町 35 m、根室市弥生町 34.4 m、札幌市中央区でも 31.7 m を観測しました。

2013 年 3 月 2 日の天気図

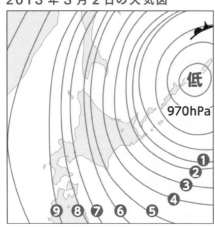

北海道に 9 本の等圧線がかかっている

北海道にかかる等圧線の本数と平均風速の目安

等圧線	平均風速の目安	人や物の様子
1本	1 m以下	穏やか（ただし例外として、上空の気圧の谷や寒気の影響で、大気の状態が不安定な日は、突然、積乱雲が発生して突風が吹くことがある）
2本	2～3 m	そよ風程度
3本	5～7 m	洗濯物をしっかり止める必要あり。つばの広い帽子は飛ばされてしまう
4本	10 m以上	強風注意報（冬は風雪注意報も）が発表されるレベル。風に向かって歩きにくく傘がさせなくなる
5本	15 m以上	暴風警報（冬は暴風雪警報も）。風で転倒する。高所での作業は危険。高速で走る車はハンドルをとられ横風に流される
6本	25 m以上	立っていられない。外出は危険。看板落下、飛来物やハウスの倒壊。車の運転は危険。交通機関もストップ
7本以上	30 m以上	暴風の被害が拡大する。電線が切れ、木が根こそぎ倒れる。トラックが横転するなど

お天気コラム 「押しの冬型」「引きの冬型」

　北海道が「冬型の気圧配置」になると、数日に渡り、同じ風向きで強風（吹雪）が続くことがあります。西の高気圧から東の低気圧に向かって、勢いよく空気が流れるからなのですが、同じ冬型でも大きく2パターンあって、気象関係者は「押しの冬型」「引きの冬型」と呼び名をわけることがあります。前者は、西の高気圧の勢力が強いとき。シベリア大陸で溜まった寒気を押し出すように、北海道に冷たい風を吹かせます。

　後者は、東に低気圧が発達するとき。その低気圧は、もともとは、本州から北上してオホーツク海で発達するものです。西のシベリア高気圧との気圧差で、シベリア大陸の寒気を引っ張り、北海道に冷たい風を吹かせます。

　冬型とは、いわば高気圧と低気圧の共同作業で、北海道に強く、冷たい風を吹かせるのです。

都市に吹く風「ビル風」

　高さ50m以上の高層ビルや20階建て以上のマンションは、風の自由を奪い、風向きを変えたり、強弱をつけたりします。

　風がビルにぶつかると、はね返って逆流したり、分流したりしますが、分かれた風が再び合流すると風が強まります。そのような場所では、建物がない場合に比べて平均風速が1.5倍に強まります。また、「谷間風」といって、隣接した2棟の建物の間でも風速が大きくなります。両脇に高い建物がある道路を通行するときは気を付けてください。

　このような高層ビル街に吹く特殊な風のことを「ビル風」といいます。札幌でも高層ビルが増え、ビル風が発生するようになりました。

　ビル風による風害防止策として、高層建物周辺に空き地を作る、植樹、防風ネットやアーケード、スクリーンを設置、建物を円形にする、建物の壁面をでこぼこにして、摩擦により風を弱めるなどが考えられます。

　札幌中心部でも、高層ビル、ホテル、マンションなどの建設が急速に進んでいますが、市では建物を新築する際、ビル風の発生状況を予測し、周辺環境に影響を及ぼさない防風植栽などの措置を講じることを事業者に義務付けています。一方、都市化で高い建物が増えると、風は障害物との摩擦で勢いをなくし、弱まっていきます。

　このように、都市に吹く風は、全体的には弱められても、ビル風の現象で局地的に風速が増すところがあるなど、非常に複雑といえそうです。

ビル風のイメージ図

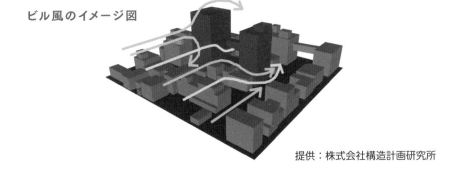

提供：株式会社構造計画研究所

「春一番」と「木枯らし1号」

　強風は、季節の物差しにもなります。本州や九州では、春の便りとして気象庁から「春一番」の発表があります。立春（2月4日ごろ）の後、初めて吹く強い南風のことです。日本海に低気圧が発達して、広い範囲で風速7～8m以上の暖かい南風が吹いたときと定義されます。

　ただ、春一番は北海道などの北日本、沖縄地方には発表されません。沖縄は1月に桜が咲くほど暖かくて春の便りとしては遅すぎ、北海道は春一番が吹いても、その時期はまだ冬のさなかなので、春の便りとしては早すぎるからです。

　本州で春一番をもたらす低気圧は、北上して北海道付近で発達し、ほとんどの場合、上空に強い寒気を運び込んで天気が荒れます。このため本州で春一番が聞こえたら、北海道では翌日は暴風、猛吹雪など冬の嵐となり、吹き溜まりの交通障害、交通機関の乱れ、車の立ち往生、視界不良、着雪による停電、水道管の凍結に注意が必要となります。

　春一番が春の便りとすれば、10月なかばから12月なかばに発表される「木枯らし1号」は冬の便り。木枯らし1号は、西高東低の冬型の気圧配置のときに吹く西から北寄りの強風で、東京地方と近畿地方でのみ発表されます。北海道ではすでに雪が降っていて、季節が一歩先に進んでしまっているからです。

　ただ、木枯らし1号が吹くほどの冬型の気圧配置だと、北海道の日本海側では、その冬初めての本格的な雪や吹雪、太平洋側では強風が吹き、海はしけとなります。冬タイヤへの交換が必要で、スリップ事故、転倒事故、着雪による停電、交通機関の乱れなどに注意してください。

2022年3月5日の天気図

2022年 3月 5日 正午

関東甲信地方と東海地方で春一番を観測
提供：ウェザーニューズ

メイストーム──季節の変わり目の天候急変

「港に戻れない……」。1954年5月、北海道で多くの漁船が猛烈なしけに飲み込まれ転覆し、多数の死者が出ました。5月は最も晴れやすい時期ですが、一方で低気圧がいったん発生すると、猛烈に発達することがあります。「メイストーム」という言葉は、今は天気予報で全国的に使われますが、この北海道の大海難事故がきっかけになった言葉です。これは「5月の嵐」を意味する和製英語で、当時の気象関係者が命名しました。日本海や北日本で急速に発達する低気圧をさします。

1954年5月9〜10日は低気圧が急速に発達しながら、北海道を横断してオホーツク海に進み、暴風が吹き荒れ、道北や道東では季節外れの吹雪になりました。この期間の最低気圧は、網走957.6hPa、雄武958.2hPa、小樽964.5hPaと、それぞれの地点で観測史上最も低い値を記録しました（ただし、網走と雄武は2021年に記録を更新）。

家屋の倒壊、農作物や水産物被害の総額は56億円に及び、特に北海道周辺海域では、多くの漁船が沈没し、死者・行方不明者416人を出しました。死者の多くは、根室の南東海上や知床半島付近で漁に従事していた人たちでした。甚大な被害になった要因は、「沖合から戻るのに時間がかかった」「無線設備がなく気象情報を入手できなかった」「この時期これほどの悪天がなく油断した」などが挙げられます。

近年はこれほど大きな被害が出なくなりましたが、メイストームは平均して毎年1〜2つは北海道に接近しています。5月は春から夏に向かう季節の変わり目で、日本付近で暖気と寒気がぶつかり合います。温度差は低気圧のエネルギー源となり、いったん低気圧が発生すると、発達しやすくなります。また、低気圧は台風とは異なり、中心から離れたところでも強い風が吹きます。その範囲は超大型台風に匹敵します。

5月の北海道は晴天率が高く、穏やかな日が多いですが、突然メイストームに襲われることも。登山やレジャーは無理せず慎重な行動を。

お天気コラム 北海道の気象官署

　北海道には 8 つの気象官署があり、気象台の職員が常駐して、気象観測や予報業務を行っています（下図）。札幌、函館、室蘭、旭川、稚内、網走、釧路の 7 つの気象台と、帯広測候所です。なかでも函館は観測の歴史が日本一長く、1872（明治 5）年から始まった、日本最古の気象台です。

　気象官署では、気温や風速、積雪などのデータのほかに、サクラの開花、カエデの紅葉を観測しており、札幌では初雪が降った日と根雪がなくなった日、網走では流氷が初めて見えた日なども目視で観測しています。

　また、気象官署のほかに、機械化により無人観測となった特別地域気象観測所が道内には 14 カ所あります。

　これらの観測地点を含め、約 17km 四方に 1 つの間隔で道内 225 カ所にアメダス（地域気象観測システム）が設置されていて、気温、風速、日照、降水量、積雪を自動観測しています。

　さらに、新千歳空港など航空気象官署も 13 あり、飛行場予報を出して航空機の安全運航を支援しています。

北海道内の気象管署

1つにまとまると危ない！ 二つ玉低気圧

2つの低気圧がペアになって日本列島を挟むようにして北上することがあります。この状況を「二つ玉低気圧」と呼びます。

日本海を進む低気圧と、日本の南岸を通る低気圧が北上して1つにまとまると、さらに発達してしまいます。全国的に悪天候になりますが、特に北海道では大きく荒れて、暴風や暴風雪が数日続きます。

1年を通して発生しますが、寒暖の空気が混じりやすい晩秋から初冬と、春に多く見られます。真冬に少ないのは、寒気が強すぎるため低気圧そのものができにくいからです。

暖冬の年は寒気が弱いため暖気が入り込み、寒気と暖気のバランスが取れると、二つ玉低気圧が発生しやすくなります。特に2014年度の冬には5回も発生し、道内で大雪、暴風雪、暴風、高波の被害を出しました。

二つ玉低気圧の注意すべき点は、2つの低気圧がいつ1つになるのか、です。それには、2つのパターンが考えられます。

①北海道に近づきながら1つになる

本州付近で2つあった低気圧が1つになって発達を続けながら北上すると、北海道付近では冬型の気圧配置に変わり、北からの寒気を引きずり下ろします。晩秋や春先であってもまるで真冬のような嵐となり、特に道東やオホーツク海側を中心に、大雪、猛吹雪、暴風、高波、高潮となります。

ただ、最近は大雪ではなく大雨になるケースもあり、浸水の被害が発生することもあります。

②二つのまま北上して北海道上空で1つになる

　北海道が低気圧の間に挟まる形になり、いわば小さな高気圧に覆われた状態になります。これは悪天候と悪天候の狭間に訪れる一時的な晴れ間で、「擬似晴天」と呼ばれます。その後まもなく西の低気圧が東の低気圧に吸い込まれるように近づき、1つになった瞬間、猛烈に発達します。嵐が迫っているにもかかわらず、油断を誘う晴れ間があることで、甚大な災害を引き起こすことがあり、強い警戒が必要です。

■ 2014年12月16〜17日にかけて二つ玉低気圧が発生

　北海道が2つの低気圧に挟まれ、いったん嵐は小康状態となります。しかしその後、冬型の気圧配置になり、太平洋側東部を中心に猛吹雪となりました。納沙布岬では12月としては観測史上一番の最大瞬間風速30.7mを観測しました。これは、上記②の2つのまま北上して北海道上空で1つになるパターンです。

2014年12月17日午前9時

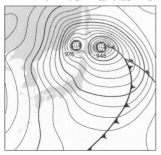

2014 年 12 月 17 日午前 9 時
2 つの低気圧が横並びになり

2014年12月17日午後9時

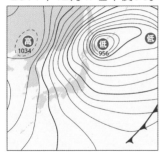

12 月 17 日午後 9 時に 1 つになった

爆弾低気圧──強さは超大型台風並み

　「爆弾低気圧」とは急速に発達する温帯低気圧で、中心気圧が 24 時間で 24hPa 以上低下するものを指します。台風とは異なり、暴風を吹かせる範囲が広く、北海道全域で風速 25 〜 30 ｍになることも多くあります。これは超大型台風並みの風の強さです。

　アメリカの気象学者が低気圧の爆発的な発達を「bomb（爆弾）」とたとえたのが由来ですが、戦争やテロを連想させるため、「急速に発達する低気圧」「猛烈な風を伴う低気圧」などの表現が使われることもあります。

　北海道は台風は少なくても、爆弾低気圧が日本で最も多い地です。爆弾低気圧は、冬の始まりや春先などの季節の変わり目に多く、台風より中心気圧が低く、被害が大きくなることがあります。

　近年では、2021 年 2 月 16 日〜 17 日の爆弾低気圧が、道東で史上最低気圧を記録しました。15 日午後 3 時の時点では関東地方で 976hPa でしたが（左下図）、北上するにつれて気圧は急激に下がり、16 日午前 3 時に根室市で 947.8hPa を記録しています（右下図）。12 時間で約 28hPa も低下し、第一級の爆弾低気圧となりました。

　根室のほか釧路や網走でも最低気圧の記録を更新し、広範囲で非常に強い風が吹き、日本海側は猛吹雪に。暴風、暴風雪、高潮、融雪の影響で 4 人が重軽傷、住宅の一部損壊は 200 戸以上となり、狩勝峠では猛吹雪のため 100 台以上が立往生し、大規模な停電も発生しました。

2021 年 2 月 15 日 15 時　　　　　2021 年 2 月 16 日 3 時

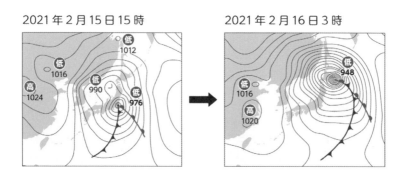

「温帯低気圧」と「熱帯低気圧」

　爆弾低気圧は、「温帯低気圧」であり「台風とは異なる」と述べました。温帯低気圧と台風は、どちらも大雨、暴風、高波など荒れた天気をもたらしますが、できるメカニズムやエネルギー源が全く違います。

　温帯低気圧は、ほとんどの場合、単に「低気圧」と呼ばれます。この本でこれまで出てきた「低気圧」も、温帯低気圧のことです。その名の通り、北極と赤道の中間の温帯の地域でできる低気圧で、北側の寒気と南側の暖気がぶつかり合い、南北で入れ替わろうと空気が渦を巻くことで発生します。寒冷前線や温暖前線（☞ P18）を伴うこともあります。

　つまり、温帯低気圧のエネルギー源は、南北の温度差です。暖気が強いほど、または寒気が強いほど、発達しやすくなります。

　北海道の北には、真夏以外は寒気があり、暖気をもった低気圧が北上すると、温度差のエネルギーによって急速に発達することがあります。特に秋の終わりから初冬にかけてと、冬の終わりから春の初めは、暖気と寒気の温度差が大きく、「爆弾低気圧」になることも珍しくありません。

　これに対し、台風は、熱帯の海で生まれた「熱帯低気圧」です（☞ P71）。熱帯低気圧のエネルギー源は、暖かな海から蒸発した水蒸気が、凝結して再び水に戻り、雲粒になるときに出る熱（潜熱）です。熱帯低気圧には前線はありません。この熱帯低気圧が発達し、中心付近の風速が17 m以上になったものを台風と呼びます。一方、温帯低気圧は、風速が17 m以上になっても台風とは呼びません。

温帯低気圧のでき方

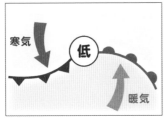

２つの空気がぶつかり温帯低気圧ができる

熱帯低気圧のでき方

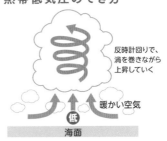

反時計回りで、渦を巻きながら上昇していく

暖かい空気

低

海面

北海道の暴風記録

　北海道で暴風が吹きやすいのは、8〜9月と、11〜3月。道内の最大瞬間風速の最高記録は、「台風」か「強い冬型の気圧配置」によるものです。

　道内で風の観測をしている地点は174。最大瞬間風速の最大値は1954年9月26日の室蘭で観測された風速55mで、日本海難史上最大の惨事をもたらした台風15号「洞爺丸台風」のときです（☞ P81）。室蘭のほかに江差、倶知安、寿都でも最大記録となっています（下表）。

　それから50年後、2004年9月8日の台風18号は、洞爺丸台風の再来ともいわれ、札幌市内のポプラを根こそぎ倒し、「ポプラ台風」とも呼ばれています。札幌をはじめ、多くの日本海側やオホーツク海側の地点で、暴風記録が塗り替えられました。

　なお、日本全国の最大瞬間風速の観測史上トップ3は、静岡県富士山の91.0m（1966年9月25日）、沖縄県宮古島の85.3m（1966年9月5日）、高知県室戸岬の84.5m（1961年9月16日）です。

道内各地の最大瞬間風速の最大記録（風速の大きい順）

地　点	風　速	事　象　名	地　点	風　速	事　象　名
室蘭	55.0 m	1954年洞爺丸台風	小樽	44.2 m	2004年台風18号
寿都	53.2 m	1954年洞爺丸台風	広尾	44.0 m	1967年4月5日
雄武	51.5 m	2004年台風18号	留萌	43.9 m	2004年台風18号
札幌	50.2 m	2004年台風18号	釧路	43.2 m	2016年8月17日
浦河	48.5 m	1958年1月10日	根室	42.2 m	2006年10月8日
羽幌	46.9 m	2004年台風18号	紋別	40.0 m	2004年台風18号
函館	46.5 m	1999年9月25日	岩見沢	39.6 m	1954年洞爺丸台風
北見枝幸	45.6 m	2004年台風18号	苫小牧	38.6 m	1981年8月23日
倶知安	45.4 m	1954年洞爺丸台風	網走	37.5 m	2004年台風18号
江差	45.0 m	1954年洞爺丸台風	旭川	34.1 m	2010年3月21日
稚内	44.9 m	1995年11月8日	帯広	32.3 m	2002年10月2日

道内各地のだし風・おろし風

　地形的な影響を受け、その土地だけに吹く特有の風を「局地風」と呼びます。北海道では、「寿都だし風」「日高しも風」「羅臼だし風」「雄武のひかた風（日向風）」「十勝風（とかちかぜ）」「手稲おろし」などが有名です（下図）。

北海道の主な局地風

地図は地理院地図を使用

札幌管区気象台「防災の学習関連資料　北海道の局地風」を一部加工して作成
https://www.jma-net.go.jp
/sapporo/bosai/bosaikyoiku/wind/w17_kyokutifuu.html

「だし」や「おろし」が地名についた風は、全国に存在しています。だしは海に向かう風で、主に日本海側で使われる呼び名であり、陸から海に吹き出す船出に便利な「出し風」からきています。おろしは「吹き下ろし」、すなわち冬季に山や丘から吹き下りる風のことです。

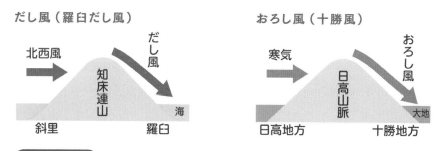

寿都だし風

　噴火湾から寿都湾へ吹き抜ける南〜南東の風です。寿都町は、風力発電を推進するなど全国有数の強風地帯です。この風は、長万部から黒松内を経て寿都に至る標高が低い湿地帯が、東西の山に挟まれて風の通り道となって吹くといわれています。

　春の南風として4月ごろから始まり初夏にかけて続くのが特徴で、平均風速10m以上の風が2〜3日、長ければ1週間ぐらい吹き続けます。

石狩低湿地帯の南東風

　苫小牧から岩見沢方面の石狩低湿地帯では、春から初秋にかけて南東の風が吹きます。特に江別付近は、気流が北北西と北北東に分かれる分岐点であるため、上空の風が下りてきて地上の風がいっそう強まります。「江別は風が強い」と言われるのには、こんな理由があるのです。

手稲おろし

　中山峠付近から札幌市内に吹き下りる南西の風です。手稲山と春香山の間の鞍部（尾根上で馬の鞍のようにくぼんだ箇所）から北東方向に伸びた一帯では、強風被害を受けることがあります。

十勝風

　春に多く、寒冷前線が通過したあとに日高山脈から十勝平野に向かっ
て吹き下りる、乾燥した強い西風のおろし風です。種まき後の畑作に注
意が必要です。

日高しも風

　日高地方に吹き下りる、日高山脈からの東風です。近年では、2007
年1月の全道的な強風被害の際、日高地方は日高しも風によって風が
強まり、最も大きな被害を受けました。住宅などの一部破損は浦河町で
100棟、様似町では44棟にのぼり、浦河測候所では歴代2位となる最
大瞬間風速48ｍを観測しました。

雄武のひかた風

　北見山地から海に向かって吹き下りる西南西の強風。3月から5月に
かけて低気圧がサハリン付近を通過するときに多くなります。「ひかた」
とは日の出の方向に向かってオホーツク海へ船を出すのに都合がよいか
らとも、アイヌ語の「ピカタ（南西風）」からきているともいわれています。
たいてい晴天時に吹きます。

　過去に何度もフェーン現象（☞P132）による大火を引き起こしていま
す（1954年5月23日、1970年5月25日、1972年5月25日）。季
節外れの高温をもたらすこともあります。

斜網の南風

　春に優勢な移動性高気圧の影響で、オホーツク地方では、高温で乾燥
した南の風が強まることがあります。畑作被害を引き起こすこともあります。

羅臼だし風

　知床連山から羅臼町に吹き下りる北西風です。突風をもたらし、多く
の死者を伴う海難事故や家屋損壊など、大きな被害を出したこともあり
ます（1959年4月6日）。

穏やかな天気でも要注意──岬の風

　岬は海に突き出した地形で、風の強い場所です。海の上は陸上と異なり障害物がないため、風の摩擦が小さく、風速は内陸の1.5～2倍にもなります。風圧に換算すると4倍です。

　北海道には115の岬がありますが、穏やかな日でも岬では予想外の強風が吹いていることがあります。付近に「強風注意報」が出ている日は、岬では台風の暴風域に相当する突風が吹き、歩くのも困難な場合があります。近付くと危険です。

　全国で風を観測するアメダス約840地点のうち、山岳部以外で最も風が強いのは襟裳岬です。年平均風速は8.2mで、風速10m以上の強風が吹く日は年平均269日もあり、「風の岬」と呼ばれます。特に強まりやすいのは北東風。北海道に東風が吹くとき、日高山脈にぶつかった風は回り込んで北東風となり、襟裳岬に集中するのです（下図）。

　ちなみに強風日数第2位が宗谷岬で237.7日、第3位は高知県室戸岬で234.3日。宗谷岬の年平均風速は7.6mで、西風が強まりやすく、冬型の気圧配置になる晩秋から冬にかけてが強風シーズンです。

日高山脈襟裳国定公園の最南端に位置する襟裳岬

お天気コラム 防風林——畑を風害から守る

　強風は、人的な被害だけではなく、農業被害をもたらすこともあります。植えたばかりの苗が畑に根付かなかったり、飛んでくる砂が凶器となって作物を傷つけてしまいます。また、強い風は土の熱を奪うため、地温が上がらず作物の成長も遅くなります。

　このような風を防ぐため、農業地帯には防風林が植えられています。木の種類はカラマツが多く、高さは 15 ～ 25 m。吹き付ける風を分散し、力を弱めることで、作物を損傷から守り、地温の低下や表土の飛散などを防ぐ役目を果たしています。その効果は防風林の風下で樹高の約 30 倍、450 ～ 750 mにも及びます。台風が多い沖縄にも防風林が存在します。

　北海道には各地に防風林があり、なかでも道東の根釧台地に広がる巨大な「格子状防風林」（写真）が有名で、「北海道遺産」に選ばれています。格子状に植えられたカラマツは中標津町、標津町、別海町、標茶町の 4 町にまたがり、最長直線距離は約 27㎞、全部つなぎ合わせた長さは約 643 ㎞もあります。

　中標津町の観光スポット「開陽台」からも見渡すことができますが、なんと宇宙からでも見えるのです。2000 年 2 月に余市町出身の毛利衛さんがスペースシャトルで宇宙に行きましたが、その際に、この広大な防風林の姿をくっきりとビデオカメラに収めていたことも、話題になりました。

根釧台地の牧草地を守る格子状防風林

6. 台 風

過去に経験のない連続台風——2016年大雨災害

北海道が壊れる!?　台風報道の現場から〜連続台風

　2016年8月29日、台風10号の進路予測や資料を見ながら背筋が凍りました。

　スーパーコンピューターが計算した予想雨量は、十勝地方で最大400mm。雨に弱い北海道では、100mmを超えると災害が生じるほどなのに、何とその4倍。ありえない、まさか、と思いながらも、もし降ったら無事ではないと感じました。

　その時すでに、北海道の大地は最悪の状態でした。わずか1週間に3つの台風（8月17日7号、21日11号、23日9号）が相次いで上陸し、雨水をたっぷり含んだ土は乾く間もなく、川の水位は上がったまま。すでに限界を迎えている地盤や河川に追い打ちをかけるように、観測史上最大級の大雨が迫っており、過去の災害事例やデータが当てはまらないのです。

　各メディアでも台風10号の臨時報道が続いていましたが、気象予報士や気象関係者も、あと何mm降れば危ないのか、土砂災害や河川の氾濫が起こるのか、わからない状態でした。

　通常の大雨情報なら、私も「昔、災害が発生した場所がいっそう危ない」ということや、「安全な場所や避難所に移動して!」あるいは逆に「外出はしないで!」など、状況によって呼びかけるのですが、それらのコメントを口にすることさえできなくなりました。何が安全なのかがわからず、淡々と非情な予想雨量を伝えることしかできません。そして、南富良野町は避難所が浸水被災してしまいました。

　結果的に台風10号だけで、上士幌町のぬかびら源泉郷では332mmを記録。雨量観測計がない所では400mmに達した可能性があります。

　事前に予測できていても、防災に生かしきれなかったことに、無念の思いと課題を感じています。

連続台風はどんな台風だったのか

　道内での死者・行方不明者は 6 人、被害推計総額は 2822 億円に達し、1981 年の 56 水害（☞ P37）を上回る過去最悪の大災害となり、激甚災害に指定されました。

【経過】

　8 月 15 日、台風 6 号が根室半島を通過し、17 日、台風 7 号が襟裳岬付近に上陸。21 日、台風 11 号が釧路市付近に上陸。23 日、台風 9 号が新ひだか町付近に上陸。

　そして 29 ～ 31 日にかけて、過去にないコースで太平洋から三陸地方へと上陸した台風 10 号が、北海道へと接近し檜山沖を通過しました。北海道では 3 日に渡って東から湿った暖かい風が吹き続け、日高山脈、大雪山系の南東斜面が、雨雲のたまり場になりました。

【異常気象の原因】

　2015 年から翌年の春にかけて「エルニーニョ現象」（☞ P78）が発生

2016 年 8 ～ 9 月に北海道に上陸、通過、接近した台風

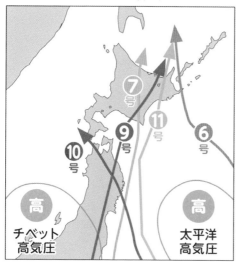

していた影響で、台風が発生するフィリピン付近では、気圧の高い状態がしばらく続き、台風が 6 月まで発生できませんでした。一方で、高気圧の影響で海水温がどんどん上昇し、7 月以降の台風のエネルギーにつながってしまいました。

　台風が沖縄などの西日本に向かわず北海道ばかりに集中したのは、特異な「通り道」ができたことによります。2016 年は、太平洋高気圧の

勢力が弱く、西からチベット高気圧が張り出して、北日本から東日本は2つの高気圧に挟まれる形となりました。台風は高気圧の中には割り込めず、その縁を回るように進むので、北海道が台風の通り道になってしまったのです（前ページ図）。

　このように悪い条件が重なると想定外の気象が発生しうること、過去にない対策が必要であることを、2016年の夏は示唆しました。

3つの台風が高気圧の間を通り北海道を直撃

空知川が氾濫し、濁流が流れ込んだ南富良野町の幾寅市街地
（2016年8月31日）

熱帯低気圧の発生と台風の構造

　熱帯の海上で発生する低気圧を「熱帯低気圧」といい、この熱帯低気圧が発達して風速 17 m 以上になったものを「台風」と呼びます。つまり、熱帯低気圧は台風の「卵」です。前に述べた温帯低気圧（☞ P61）とは構造が異なります。

　熱帯低気圧が発生するのは、海水温 27℃以上の暖かい海の上です。水分をたっぷりと含んだ高温多湿の水蒸気が上昇していき、雲ができると、凝結によって大きな熱エネルギー（潜熱）が放出され、周りの空気が暖められて、さらに上昇気流が強まります。これが繰り返されて巨大な空気の渦ができ、熱帯低気圧、さらには台風へと発達していきます。

　台風の中心部には「目」があります。台風の目は下降気流で、そこだけは晴天で風も穏やかです。ただ、その外側には強い上昇気流があり、積乱雲が発達して、まるで壁のように台風の目を取り巻いています。これはアイウォールとも呼ばれ、猛烈な暴風雨をもたらします。さらにその外側には、スパイラルバンドと呼ばれる活発な雨雲があります。

　台風の高さは、発達したもので 15㎞。台風の上では、台風内の風循環とは逆の、時計回りに空気が発散されます（下図）。

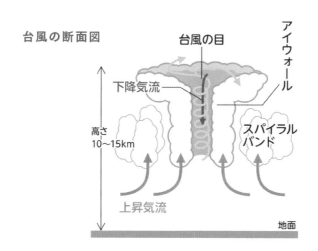

台風の断面図

台風の目

アイウォール

下降気流

スパイラル
バンド

高さ
10〜15km

上昇気流

地面

台風の「強さ」と「大きさ」

　1977 年、日本独自の気象衛星ひまわり 1 号の打ち上げによって、気象衛星画像が容易に入手できるようになりました。これにより、台風の観測の精度が格段に上がりました。

　台風の目は、しっかりと写っていればさらに発達傾向で、目を取り巻く雲の形によっても大きさや勢力、発達か衰弱かなどを知ることができます。台風の中心気圧も雲画像から推測しています。

2022 年 9 月 18 日
台風 14 号の気象衛星画像

鹿児島市付近に上陸したときの気圧が 935hpa。台風の目がくっきりと見える
提供：ウェザーニュース

　台風には「強さ」と「大きさ」の階級があります。「強さ」は中心付近の風速、「大きさ」は風速 15m 以上の強風域の半径を指します。これらを組み合わせて、「大型で強い台風〇号」などと表現します。

台風の強さの階級分け

名　称	階　級	中心付近の最大風速
熱帯低気圧		秒速 17m 未満
台　風	強い	秒速 33 以上 44m 未満
	非常に強い	秒速 44 以上 54m 未満
	猛烈な	秒速 54m 以上

台風の大きさの階級分け

階　級	強風域（風速 15m 以上）の半径
大型（大きい）	500km 以上 800km 未満
超大型（非常に大きい）	800km 以上

台風が温帯低気圧に変わるとどうなる？

　熱帯低気圧が発達し、台風という呼び名で北海道まで北上しても、その構造は温帯低気圧に変わり始めている、ということが多くあります。しかし、台風が温帯低気圧に変わったとしても、勢力が弱まったという意味ではありません。実は、台風が温帯低気圧に変わる過程で中心気圧が再び急激に下がり、暴風域が拡大することがあるのです。

　蒸し暑い空気の塊である熱帯低気圧が北海道付近の涼しい空気とぶつかると、新たに温度差のエネルギーを得て、温帯低気圧として再発達するのです。その際、上空のジェット気流に乗ることが多く、急にスピードを速めて、北海道に突然の大荒れをもたらします。

　さらに、台風が温帯低気圧に変わって東に抜けるとき、北の寒気が巻き込まれ、北海道では季節外れの雪が降ることもあります。いずれの場合も、北海道にとっては厄介な事態となります。

　2017 年 10 月 23 日、台風 21 号から変わった温帯低気圧が東北から太平洋に抜け、北海道の東を進みました。道内に直撃はありませんでしたが、台風は上空の寒気を巻き込み、札幌や帯広で初雪が観測されました（右図）。

　平年に比べて札幌では 5 日早く、帯広では 15 日も早い冬の便りの到来でした。峠などでは吹雪になったほか、シーズン初の積雪となりました。

2017年10月23日、台風 21 号の動き

寒気

低

温帯低気圧に変わった

台

21 号

気象庁「台風経路図 平成 29 年（2017 年）」をもとに作成
https://www.data.jma.go.jp/yoho/typhoon/route_map/bstv2017.html

73

北海道は台風の接近が少ない？

　台風のふるさとは、北海道から南へ約4500km。赤道の少し手前の北緯5度付近です。ここは常夏で、1年中、熱帯低気圧が発生しています。これが発達して中心付近の風速が17m以上になると、「台風」と呼び名が変わります。その年初めての台風を台風1号と定め、次が2号、3号……と続きます。

　平年のペースでは、8月末で台風14〜15号、9月末で台風20〜21号ぐらいです。12月になると台風24〜25号ぐらいになりますが、その頃には日本に来ることは滅多にありません。

　平年の年間発生数は25.1個。そのうち、日本に接近・上陸するのは合わせて14.7個で、さらに北海道への接近は1.9個です。なお、「接近」は台風の中心が北海道の300km圏内に入ること、「上陸」は中心が海岸に達することです。

　北海道に接近する台風が少ない理由は主に2つあります。

　台風が発生して勢力を維持する条件は、海水温が27℃以上。熱帯の暖かな海が台風のエネルギー源ですが、道内では一番海水温の高い檜山沖でも、8〜9月の最高時期で23℃ぐらいです。台風は、冷たい海では勢力を奪われ衰弱します。

　さらに、北海道に北上するまでに本州に上陸することも多く、陸地との摩擦で急激に弱まるのです。そのため、北海道に到達するまでに暖気と寒気がまざり合い、温帯低気圧に変わることが多くなります。

　ただ、2016年は、その常識を覆す年になりました。台風の発生数は26個、日本への接近数は11個と、ともに平年並みにもかかわらず、北海道への接近は5個と史上最多になりました（☞P68）。

　これは、台風が通ったコースに問題がありました。本州を通らず、北海道にまっすぐに、かつ速いスピードでやってきたので、海水温が低くても台風が弱まらなかったのです。

台風の予報円

台風がどのように進むかを示す「予報円」は、北海道から見ると、接近につれて大きくなることが多いので、台風が大きくなるように見えますが、勢力は関係ありません。予報円が大きくなるときほど、台風がどう進むかわからない、つまり台風の進路予報が難しいという意味なのです。

予報円とは、「台風の中心が進む可能性が70％以上」のエリアです（下図）。不確実なときは、その予報円が広範囲に及びますが、それでも30％は円を外れて進むことになります。

進路予測はスーパーコンピューターでの計算がベースになっていますが、先になるほど予測結果にばらつきが出ます。気象庁の統計によると、3日先の予報で300km前後、5日先では500km前後も誤差が発生しています。500kmというと相当な距離で、例えば、函館付近に上陸か、根室の東を通過するかが同じ確率になり、仙台付近を通過していると予想した時刻に、札幌まで北上していることも考えられるのです。

予報円は、「不確実性の円錐」との呼び名もあり、台風予測が外れた場合、予報円の外で暴風が吹くことになるので、お住まいの場所が予報円に入っていなくても油断はしないようにしてください。

① 現在の中心位置
推定される台風の位置（1時間ごとに更新）

② 暴風域
平均風速25ｍ以上と予想されるエリア

③ 強風域
平均風速15ｍ以上と予想されるエリア

④ 予報円
台風の中心がこの円の中に入る確率が70％以上

⑤ 暴風警戒域
台風の中心が予報円内に進んだ場合、暴風域に入る可能性のあるエリア

台風の予報円

⑤ 暴風警戒域
③ 強風域
④ 予報円
① 現在の中心位置
② 暴風域

どこを通ると危ない？ 台風の危険なコース

　台風が北海道のどこを通過するかで、状況は大きく変わります。太平洋を進むと大雨で、日本海を進むと暴風が吹きやすくなります。過去、北海道に大きな被害をもたらしているのが、日本海を進むコースです。

　台風には「危険半円」と呼ばれる暴風エリアがあり、進行方向の右側に位置します（左下図）。台風自身の風と、台風の移動の方向が一致するため、風速が上がるのです。日本海のコースでは、北海道がこの危険半円に入ることになります。

　道内各地の暴風記録のほとんどが、1954年洞爺丸台風（☞ P81）か2004年台風18号（ポプラ台風）の際に観測されましたが、どちらの台風も日本海を通過しています。

　一方、太平洋を進むと、北海道は大雨となります。これには台風の雨雲構造が関係します。特に台風の目の北東側40〜50km付近は雨雲が活発になるため、太平洋コースの場合、この雲が北海道の陸地にかかり、道南や太平洋側（渡島、胆振、日高、十勝、釧路、根室地方）で雨量が多くなります。

　北海道にとって、日本海コースは「風台風」、太平洋コースは「雨台風」の特徴をもちやすい、と覚えておくとよさそうです（右下図）。

台風の危険半円

台風の循環

台風を進ませる風

「風台風」と「雨台風」

風台風　雨台風

温暖化で台風は増える？ 減る？

　「地球温暖化によって台風が増える」という指摘を聞いたことはありますか？　実は、台風の発生数自体はむしろ減る予測があり、有力なのは「地球温暖化によって強い台風が増える」という説です。

　2021 年に公開された IPCC 第 6 次評価報告書（気候変動による政府間パネル）を元に JAMSTEC（海洋研究開発機構）が発表した内容によると、世界各国各機関におけるシミュレーションの平均的な結果が、2℃の気温上昇に対して「台風発生数は約 14％減少」「台風発生数に対する『強い台風』の割合は 13％増加」「平均降水量は 12％増加」「台風の平均強度（風速の大きさで評価）は 5％増加」と、まとめています。

　つまり、現在は、1 年間に平年で 25 個の台風が発生しているのですが、将来的には、それよりは少なくなるとされています。ただし、いったん発生すると強い台風になりやすく、以前に比べて大雨や強風となるという意味です。

　北海道大学の山崎孝治名誉教授によると、東シナ海や日本海では 2015 年までの 25 年間の海水温が、それ以前の 25 年前と比べ 1℃上昇しているといいます。海水温が 1℃上昇することで生態系に及ぼす影響は、気温にすると 10℃の上昇に匹敵するともいわれています。

　海水温が上がると、蒸発する水蒸気量が増え、台風にエネルギーが供給されやすくなり、勢力を増すことが考えられます。将来的に台風の数が若干少なくなったとしても、以前よりも格段に勢力を増した台風がやってくることになるかもしれないのです。

　地球温暖化によって強い台風が増えるという予測は、理論的に台風を熱効率の良いエネルギー循環（理想的な熱機関）とみなして計算されています。実際は、過去 60 年間において強い台風の増加傾向は検出されていないので、未知の部分が多く、さらなる研究が期待されます。

お天気コラム エルニーニョとラニーニャ

　エルニーニョもラニーニャも、北海道から見ると地球の裏側で起こる異変です。しかし、遠く離れていても、北海道の天候に影響を及ぼします。

　「エルニーニョ」とは、南米ペルー沖から太平洋赤道域の中央部（日付変更線付近）の広い海域で、海水温が平年に比べて高い状態が1年程度続く現象です。反対に、低いと「ラニーニャ」と呼ばれます。それぞれ数年おきに発生し、世界中に異常気象をもたらします。

　日本全体としては、エルニーニョの年は「冷夏・暖冬」に、ラニーニャの年は「猛暑・厳冬」になりやすいと考えられています。

　ただ、北海道では傾向が異なり、過去の統計（1979 ～ 2008 年）ではエルニーニョの年は「冷夏、厳冬、少雪」、ラニーニャの年は「猛暑」の発生確率が高いほか、札幌周辺で大雪になることがあります。また、エルニーニョの年は夏は雨が多く、冬や春の日照時間が長くなります。ラニーニャの年は春に雨が多く、夏は日照時間が長くなる傾向があります。

　特に、冬のエルニーニョは、北海道では少雪となる傾向が顕著です。2017年までの過去20年間で、冬にエルニーニョが発生したのは6回(1997、2002、2009、2014、2015、2018 年度)。それらの年の降雪量を全道平均でみると、5回は少雪、1回は平年並みでした。特に札幌では、平年降雪量479㎝に対し、2018 年度は335㎝、2015 年度は428㎝、2014年度は367㎝とかなり少なくなりました。

　一方、ラニーニャの年は、札幌で記録的な大雪になることがあります。札幌の過去の大雪としては、2022 年 2 月 6 日に 60㎝（24 時間降雪量）、2021 年 12 月 18 日に 55㎝（24 時間降雪量）、1996 年 1 月 8 ～ 9 日に59㎝（2 日間合計）の記録がありますが、いずれもラニーニャが発生していました。

　また、台風との関係について、過去の傾向では、エルニーニョの発生時は台風の発生数は少ないが、夏は最も発達したときの中心気圧が低く、台風の発生位置が夏は北に、秋は西にずれ（日本に影響しやすい）、特に秋は発生から消滅まで寿命が短くなっています。

エルニーニョ現象

ラニーニャ現象

エルニーニョ、ラニーニャそれぞれの北海道への影響

	春	夏	冬
エルニーニョ	日照長い	冷夏・多雨	厳冬・少雪・日照長い
ラニーニャ	多雨	猛暑・日照長い	札幌で大雪

近年の発生記録

2002 年夏〜2003 年冬	エルニーニョ
2005 年秋〜2006 年春	ラニーニャ
2007 年春〜2008 年春	ラニーニャ
2009 年夏〜2010 年春	エルニーニョ
2010 年夏〜2011 年春	ラニーニャ
2014 年夏〜2016 年春	エルニーニョ
2017 年秋〜2018 年春	ラニーニャ
2018 年秋〜2019 年春	エルニーニョ
2020 年夏〜2021 年春	ラニーニャ
2021 年秋〜2022 年冬	ラニーニャ

北海道の台風シーズン

　台風が多い季節は、8月から9月にかけて。ただ、寒くなり始めた晩秋でも油断はできません。過去には、10月20日ごろに台風が接近、上陸したこともあるのです。

　台風は、全道にわたって雨をもたらし、山や川の上流から下流にかけて広範囲で大雨になるため、大洪水になることがあります。また、8〜9月は多くの作物の収穫期や秋の漁期にも重なってしまいます。

　威力は大きい台風ですが、進行は他人任せ。自分で進むことはなく、進路を決めているのは、なんと高気圧です。主に夏の太平洋高気圧の縁をまわる風が、台風を押し流します。時期によって、高気圧の張り出し方が変わるため、台風の通り道が変わります。

　8月、9月、10月と、高気圧は後退していくため、台風のカーブは小回りになっていきます（下図）。これを見ると、日本列島が通り道になりやすいのは8月、ついで9月とわかります。

　西に向かっていた台風が、途中で北や東に向かって進路を変えることを「転向」といいます。転向した後は、高気圧の縁の風に加えて、上空のジェット気流が台風を動かすため、急にスピードが上がることがあります。

台風の主な経路

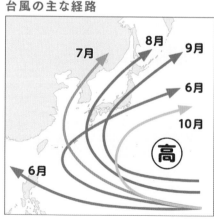

お天気コラム　世界の災害史に残る洞爺丸台風

　1954 年 9 月 26 日、台風 15 号は鹿児島に上陸してからわずか 15 時間で津軽海峡の西海上に達し、北海道に到達したときには 956hPa まで勢力を強めていました。

　青函連絡船洞爺丸は、その日 14 時 30 分に函館を出港する予定でしたが、平均風速 20m を超える強風が吹き荒れていたため、いったん延期になりました。函館の気象台は、「17 時ごろ最も強くなる」という予報も出していました。

　ところが 17 時過ぎに突然、風雨がおさまり青空が広がりました。洞爺丸のベテラン船長は、台風の目に入ったものと判断。風向きは陸から吹く風に変わり、航海には支障がないとして、18 時 40 分に出港しました。しかし近年、これは台風の目ではなく、閉塞前線による一時的な気圧の上昇だったと考えられています。実際は、台風は奥尻島の西を北上中だったのです。

　出港後すぐに函館港は荒れ始め、風速 40 m を超える強い南風と、波の高さ 7 ～ 9 m の猛烈なしけとなりました。洞爺丸は陸からわずか 1km の地点で沈没し、乗員 1314 人のうち 8 割にあたる 1155 人が死亡。このほか日高丸、十勝丸、北見丸、第十一青函丸の計 5 隻が転覆・沈没し、合わせて 1430 人が亡くなりました。

　この台風 15 号は、後に「洞爺丸台風」と呼ばれるようになります。洞爺丸台風は、岩内町で 3300 戸を焼失し 38 人の死者・行方不明者を出した大火災「岩内大火」も引き起こしました。また、大雪山系を中心に深刻な倒木被害を引き起こし、道内の伐採量の 3 年分に相当する樹木が失われました。

洞爺丸の残骸が散らばる七重浜
（現北斗市）

沿岸部や河川付近は警戒を——台風と高潮、高波

　2018年9月4日、大阪、神戸など近畿地方・四国の沿岸部で、記録的な高潮が発生。台風21号が上陸、通過したとき、「吸い上げ効果」と「吹き寄せ効果」などにより、海面全体が3m以上も上昇し、関西国際空港の滑走路が水没する被害が出ました。

　台風が近づくと気圧が急激に下がり、波が高くなるのに加え、海面全体が上がります。気圧が1hPa下がると海面は1cm上がり、これを「吸い上げ効果」といいます。例えば、発達した台風の中心気圧は950hPa前後にもなりますが、穏やかな天気の日が1000hPaとすると50hPa下がっているので、海面は50cm上昇します。さらに、「吹き寄せ効果」といって、台風の暴風が海水を陸地側に運び、海面がいっそう高くなります。

　こうして海水が堤防を越えると、一気に浸水が起こります。そのスピードは時速40〜60km。大雨の浸水被害に比べて浸水エリアが広く、住民が逃げ場を失います。押し寄せた海水によって川が氾濫することがあるので、海から離れた河川付近も要注意です。

　台風接近が、満潮と干潮の潮位差が大きい大潮の時期に重なると、高潮発生の可能性が高まります。また、台風のときには、風が海の上を強く、長く吹き続けるため、波が大きく発達し、高波が発生します。

　海に囲まれた北海道では、波に関する知識や予報の特性を理解しておくことが、身を守ることにつながります。「高潮警報」や「波浪警報」には警戒しましょう。特に、「一発大波」（☞次ページ）の恐ろしさを知っておいたほうが良いでしょう。

吸い上げ効果

吹き寄せ効果

お天気コラム 高波——恐怖の一発大波

　天気予報で伝える波の高さは、実際の波より2倍ほど高く表現されています。波は1つ1つ高さが違うため平均で表しますが、単純平均ではなく特殊な計算を用います。ある地点で一定時間に観測する波を高い順に並べたとき、上位3分の1（例えば100波あったとして高い方から33波）の波高の平均値を出す「有義波高」という手法です。熟練した観測者が目視で観測した典型的な波に近いとされます。例えば「波の高さ2m」の予報では、実際に打ち寄せる波の高さは1m前後がほとんどです。

　ところが、波は偶然の重なり合いによって、思いがけない高波を生じることがあります。「波の高さ2m」のとき、100波に1つは3m、1000波に1つは4mの高波が発生する可能性があるのです。時間にすると2時間に1回、4mの波が打ち寄せるということです。これを「一発大波」と呼びます。海の恐ろしい一面です。

　毎年、釣り人が突然の波にさらわれたり、漁船が転覆したり、また嵐のときに船が心配で港に行き波にのまれる事故が起こっていますが、それらはたいてい、この一発大波が原因です。

　気象台は、高波に注意・警戒を呼びかける情報として、3m以上が予想されたときに「波浪注意報」、6m以上で「波浪警報」を発表しています。

　なお、冬は北西の季節風が続きます。同じ方向から風が吹き続けると、波は常にエネルギー補給を受けている状態になり、日本海側は毎日、波が高くなります。寒土用波と呼ばれることもあります。「寒土用」とは、立春（2月4日ごろ）前の18日間を指し、1年を通して寒さが最も厳しい時期です。

防波堤を越える高波
（小樽市港町、2015年10月）

雷のエネルギーは発電所並み！

　雷はとんでもないエネルギーをもっています。1回の落雷で放電される電気は、家庭で消費する電力の2カ月分に相当し、雷雲の発電能力は中規模の水力発電所並みといわれています。

　このように巨大なエネルギーをもつ雷は、落雷で空気中を通過すると瞬時に空気を暖めます。その温度は約28000℃にも達し、太陽の表面温度の5倍にあたります。この熱で空気が急激に膨張し、周りの空気が振動して発生した音波が「雷鳴」として聞こえるのです。

　この雷のエネルギーを有効活用できないかと議論されることがありますが、現代の技術ではまだ、雷の電気をためる技術は確立できていません。ただ、雷が多い年は稲などの農作物やキノコなどがよく育つといわれ、キノコ栽培に活用すべく、人工的に雷を発生させて生育を促す研究が行われています。

　雷のエネルギー源は、積乱雲の中で氷の粒の摩擦によって発生する静電気です。つまり、雷雲は積乱雲です。夏の入道雲も積乱雲です。

　雷の電気が作り出されるには、積乱雲が強い上昇気流で空高く発達し、その頂上付近が−20℃以下になることが必須条件です。このように発達した積乱雲の中は、ほとんどが氷の粒です。内部で強い上昇気流と下降気流が吹き乱れ、氷の粒がぶつかったりこすれ合ったりし、その摩擦で静電

激しい雷雨にみまわれた帯広市上空（2022年6月）

気が発生します。小さい氷の粒にはプラス電荷、大きな粒にはマイナス電荷が帯電します。なぜそうなるのかはまだ明らかになっていません。

　重さの違いによって、小さい氷の粒は雲の上部に、大きな氷の粒は雲の下部に位置しています。こうしてできた静電気がたまりにたまって限界に達し、放電される現象が雷です（下図）。

　では、どのようなところが放電しやすい（雷が落ちやすい）のでしょうか。実は、海面、平野、山岳、都市部など場所にかかわらず、北海道ではすべての場所が対象です。それは、雷雲の位置次第なのです。ただ、基本的に高い場所に落ちやすい性質があるため、グラウンドやゴルフ場、田んぼ、畑、湖や海などの開けた場所では、人に落雷しやすくなります。こうした場所では注意が必要です。

　また、火山の噴火で雷が発生することもあります。「火山雷」と呼ばれる現象で、噴火によって飛び出した火山灰や水蒸気、火山岩が摩擦を起こすことで発生します。2000年の有珠山噴火のときにも、火山雷が確認されています。

雷雲（積乱雲）の構造

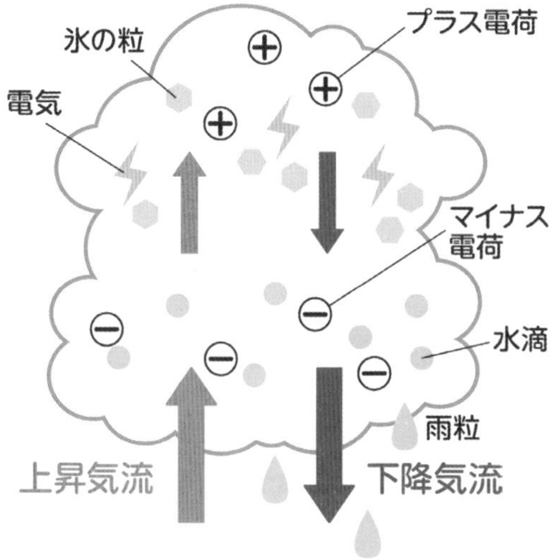

上昇気流　　下降気流

氷の粒　電気　プラス電荷　マイナス電荷　水滴　雨粒

すぐおさまってもまた鳴る ──「雷3日」

　上空に寒気が入ると、冷たい空気は重く、暖かい空気は軽いので、互いに上下が入れ替わり、上昇気流や下降気流が生じて大気がかき回されます。こうして強い上昇気流が発生すると、雷雲すなわち発達した積乱雲が作り出され、雷が発生しやすくなります。

　そんな日は、天気予報で「大気の状態が不安定」（☞ P27）と呼びかけたり、「雷注意報」が発表されます。夏のよく晴れた午後に発表されることが多いのですが、午前中から発表されている日は、大気の状態がかなり不安定な日です。いっそう、気を付けましょう。

　1つの雷雲の寿命は数十分と、長くありません。雲内部の激しい下降気流によって、雲の中の氷の粒は引きずり下ろされ、解けながら落下して雨となります。こうして水分がなくなっていくと、雷雲は急速に弱まるのです。このため、雷そのものもたいてい 30 分以内にはおさまります。

　ただ、いったん天気が回復しても、翌日もその翌日も雷が鳴ることがあり、「雷3日」と呼ばれます。一度、高度 5500m 付近の上空に寒気が入ると、3 日ぐらい居座ることが多く、再び雷雲ができやすいからです。雷だけではなく、ひょうや竜巻が続くこともあります。

北海道の上空 5500m 付近に－ 42℃の強い
寒気が居座っているときの画像
提供：ウェザーニューズ

上空5500m付近

寒 気

3 日ぐらい
居座る

雷の予報と監視

　雷雲の発達を促しているのは、上空の高いところにある寒気です。ただし、普段目にする地上天気図には、上空の寒気についての情報がありません。気象予報士は高度5500m付近の「高層天気図」を見て、「黒幕」である寒気の存在を察知しています。この上空の寒気の強さや、いつまでその影響が続くかを予測し、雷の発生しやすさを予報しています。

　雷がいつ、どこに落ちるのかを数時間前から予測するのは、とても難しいのです。雷雲のどこから放電が起こるかは予測できず、雷が落ちる地点も不規則です。直前の落雷地点から10km以上離れた場所に落ちることも珍しくありません。進路も気まぐれで、ジグザグに折れ曲がったり、枝分かれしたり。そして放電が始まってから稲妻が地面に届くまでの時間は、わずか数万分の1秒です。雷が雲から何kmも離れた場所に落ちることもあり、雲は遠くで空も晴れているのに、落雷被害にあうことも。

　しかし近年、雷予測も精度が上がり始めています。気象庁は全国30カ所、道内は稚内、女満別、釧路、新千歳、奥尻の5カ所に受信アンテナを設置して、雷に伴う放電を常に監視しています。

　このシステムは、ライデン（LIDEN: LIghtning DEtection Network system）といい、もちろん「雷電」の語呂合わせです。ライデンで探知された情報をもとに、1km格子単位で解析し、各地の雷の位置や激しさを予測して、活動度を4段階で表示しています。これは「雷ナウキャスト」として気象庁のウェブサイトでも公開され、更新も10分ごとで、随時、雷の状況や直近予測を知ることができます。

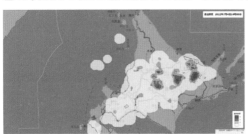

雷ナウキャスト

気象庁「ナウキャスト
　　　　／雨雲の動き（雷活動度）」

https://www.jma.
go.jp/bosai/nowc/

雷から身を守るために 30-30 安全ルール

　雷予報は難しく、万全の精度ではありません。

　雷の予兆は、①真っ黒な雲が近づき、急に空が暗くなる　②ひんやりした冷たい風が吹き始める　③雷鳴が聞こえる、などがあります。予兆を感じた時点で避難先を頭に入れ、雷鳴が聞こえたらすぐに建物や車に避難しましょう。さらに大粒の雨や、ひょうが降り出すこともあります。

　雷から身を守るためのキーワードは「30 秒」と「30 分」。稲妻（電光）から 30 秒以内に雷鳴が響いたら、建物や車などに避難し、雷がおさまってから 30 分は、安全な場所に留まるということです。

　雷で「ピカッ」と空が光ってから、「ゴロゴロ」と轟音が聞こえるまでの時間をカウントします。30 秒以内だったら要注意です。光の速さは非常に速く、光った瞬間に目に届きますが、音の速さは秒速 340 m。光ってから音が聞こえるまで 30 秒なら、光った場所からの距離は 340 × 30 ＝ 10200 m、すなわち約 10.2 km。この距離は、雷雲にとっては 15 ～ 20 分で移動可能なので、すぐに安全な場所に避難してください。

　そもそも、雷鳴はあまり遠くまで届きません。音波は気温が低いほうに曲がる性質をもち、上空の高度が高いほど気温が低いため、地上の遠いところには届きにくいのです。雷鳴が聞こえる範囲は落雷地点から約 16 km。つまり聞こえたらまもなく、落雷エリアに入る危険があるのです。

　さらに、雷がおさまっても 30 分は油断できません。遠ざかりつつある雷雲からの放電や、次の新しい雷雲が進んでくることがあるのです。

ピカッ→ゴロゴロ まで 30 秒以内は要注意

夏の雷は遠くから、冬の雷はいきなり頭上

　雷と言えば夏のイメージですが、北陸から東北にかけての日本海側では、冬が雷シーズンです。雪雲が急に発達するとき、雷を伴うことがあるのです。夏の雷は遠くから聞こえてきますが、冬の雷は、雷雲が低いため、突然、頭の上でゴロゴロと鳴ります。

　北陸地方には「雪起こし」「ぶり起こし」と呼ばれる現象があります。これは冬の雷のことで、大雪が降る前に雷が鳴ったり、初冬が旬の寒ブリが獲れ始めるころに雷が鳴ることにちなんでいます。

　実は、日本で雷が多いエリアは、北陸・東北の日本海沿岸です。冬、暖流の影響で相対的に海水温が高い日本海の海上では、水蒸気が盛んに発生し、季節風の影響で積乱雲が上空高く発達して、雷雲となるのです。最も雷が多いのは金沢市で、年間平年45.1日です。

　北海道の日本海側でも、少しだけその傾向があります。特に、檜山・後志地方や、札幌から苫小牧にかけての石狩低湿地帯は、冬の雷が発生しやすいエリアです。

　また、道内の雷の発生を月ごとに見ると、帯広、網走、室蘭は8月、稚内、旭川、釧路は9月、札幌、函館は10月に雷が多くなっています。内陸部では夏の夕立に伴う雷が多く、日本海側では上空に寒気が入り始める秋が雷シーズンです。道内で最も多く雷が観測されるのは江差で、年間平年14.4日。一方、雄武は全国の気象官署所在地の中で最も雷の観測回数が少ない場所で、年間平年たった2日です。

夏の雷雲と冬の雷雲の違い

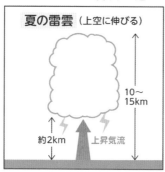

夏の雷雲（上空に伸びる）

10〜15km
約2km　上昇気流

冬の雷雲（水平に広がる）

季節風

7〜8km
300〜500m

8. 竜巻

北海道は全国一竜巻が多い

　全国で竜巻の発生件数が多いのは、北海道です。

　1991 〜 2022 年の 32 年間の発生件数は、北海道 50 件、沖縄 50 件、高知 42 件、宮崎 32 件、秋田 29 件です。

　北海道は面積が大きいため発生件数が多く、北に位置している割に、日本海や太平洋側西部の海水温が高く、秋から初冬にかけて上空に寒気が流れ込むと、海水と空気の気温差が大きくなります。これが竜巻発生のエネルギーとなります。秋田で多いのも、同じ理由です。

　沖縄、高知、宮崎で多いのは、台風が近づくと、この地域で非常に活発な積乱雲ができやすく、これが竜巻をもたらすことがあるからです。

　北海道内では海上での発生が多く、日本海側の宗谷から檜山地方にかけてと、太平洋側西部の渡島、檜山、胆振地方で多くなっています（下図）。

　都市部でも発生することがあり、1992 年 7 月 9 日午前 11 時 25 分には札幌市白石区北郷で発生し、住家被害 57 件、負傷者 5 人、ゴルフ練習場の金属ネットフェンスが 300 ｍに渡り倒壊しました。旭川市でも2000 年 7 月 25 日午前 9 時 30 分に西神楽で発生しています。その時は、農業用ハウス 139 棟が倒壊するなど農作物が打撃を受けました。住宅地や農業地帯で発生すると被害が大きくなってしまいます。

　竜巻は、気温が高くなる午前 11 時〜午後 6 時に多く発生します。

北海道の竜巻分布図

1961 〜 2019 年に発生した竜巻、またはダウンバーストを赤丸で示している

気象庁 HP
https://www.data.jma.go.jp/obd/stats/data/
bosai/tornado/stats/bunpu/bunpuzu_hokkaido.
html

竜巻発生の要因

　竜巻は、局地的豪雨をもたらす「スーパーセル」（☞ P 20）が、限界まで発達したときに、発生することが多い現象です。

　地上から約 11 〜 13 ㎞の高さに、対流圏界面と呼ばれる「空の天井」があります（☞ P 99）。スーパーセルは、それ以上の高さまでは発達しにくく、雲頂は水平に広がっていきます。これを「かなとこ雲」と呼びます。金属を加工するときに使う作業台の鉄床（かなとこ）の形に似ていることから名付けられました。

　この雲が出現したら、スーパーセルが限界まで発達している証。雲の中には大変なエネルギーが蓄えられていて、竜巻などの激しい気象現象を発生させるのです。ただ、逆にいえば、これ以上発達することはありません。竜巻を発生させたり、雷雨やひょうを降らせると、急に衰えて、1時間くらいで消滅する短命の雲です。

　かなとこ雲を伴うスーパーセルが発生するのは、台風の接近や活発な前線付近、上空に強い寒気が流れ込み地上との気温差が大きくなるなど、大気の状態が非常に不安定なときです。

かなとこ雲（東京都中野区、2020 年 8 月 30 日）
提供：ウェザーニューズ

竜巻のすさまじい破壊力

　気象現象のなかで、最も大きな破壊力をもつのが竜巻です。

　竜巻は、積乱雲に伴う強い上昇気流により発生する、激しい渦巻きのことです。南から暖かい空気が流れ込んだり、上空に冷たい空気が入ってきて、地上と上空の気温差が大きくなったときに多く発生しています。その多くは、積乱雲から地表や海面に漏斗状の雲（漏斗雲）が垂れ下がって見えるという特徴があります（写真）。

　竜巻の渦の回転速度は秒速100 mを超え、あらゆるものを一瞬にして吹き飛ばす威力があります。ただ、多くの竜巻の通り道は幅300 mから400 m程度と狭く、その外側は穏やか。移動速度は平均すると時速50 kmですが、1カ所に長時間停滞したり、逆に時速100㎞以上の高速で通過することもあります。また、竜巻の寿命は短く、ほとんどが10分以内、長いものでも30分以内です。極めて局地的で、短時間の現象です。

　竜巻の風速はあくまで推測で、実際に測ることはほぼ不可能です。アメダスの風速計は約17㎞に1つの間隔でしか設置されておらず、そこを竜巻が通る可能性は低い上、たとえ通ったとしても機器が壊れてしまうでしょう。

　このため、竜巻の風速は被害の状況から6つにランク分けして推定します。これを「藤田スケール＊」といいます。ランクはF0（物置や自動販売機が横転）からF5（鉄骨住宅が倒壊）まであり、日本ではF3（木造住宅が倒壊）が最大記録で、1990年以降で4例あります（2012年5月茨城県つくば市周辺、2006

宮崎県都城市で発生した漏斗雲
（2019年9月2日）
提供：ウェザーニューズ

年11月北海道佐呂間町、1999年9月愛知県豊橋市、1990年12月千葉県茂原市)。いずれも甚大な被害が出ていますが、最も深刻な被害となったのは2006年の佐呂間町の竜巻(☞P94)です。

＊藤田スケールはアメリカの建物基準だったので、2015年から日本の建築物などの被害に対応した「日本版改良藤田スケール」(下表)が用いられるようになり、現在、JEF0〜JEF5の5段階で推定されています。ただし、2015年以前の上記事例のランクは当時の基準のまま採用されています。

日本版改良藤田スケール（抜粋）

階　級	風速の範囲 (3秒平均)	主な被害
JEF0	25〜38m	飛来物などで、窓ガラスが割れる
		農業用ハウスのビニールがはく離する
		物置や自動販売機が横転する
		樹木の枝が折れる
JEF1	39〜52m	木造住宅の広い屋根が浮き上がったり、はがれる
		農業用ハウスが変形したり、倒壊する
		軽自動車やコンパクトカーが横転する
		道路交通標識の支柱が傾いたり、倒壊する
		樹木が根返りする
JEF2	53〜66m	鉄骨造倉庫の屋根が浮き上がったり、はがれる
		ワンボックスカーや大型自動車が横転する
		コンクリートのブロック塀が倒壊する
		墓石が横転したり、ずれたりする
JEF3	67〜80m	木造住宅が、変形したり倒壊する
		鉄骨系プレハブ住宅や倉庫は、屋根や外壁などが損傷する
		鉄筋コンクリート造りのマンションは、ベランダなどの手すりが変形する
		アスファルトがはがれて、飛散する
JEF4	81〜94m	工場や倉庫の屋根がはがれたり、落ちてくる
JEF5	95m以上	鉄骨系プレハブ住宅や倉庫が、変形したり、倒壊する
		鉄筋コンクリート造りのマンションは、ベランダなどの手すりが脱落する

佐呂間町の竜巻

　2006年11月7日午後1時20分ごろ、オホーツク海側の佐呂間町で、日本の観測史上最大クラスの竜巻が発生しました。最大瞬間風速は92mと推定されています。

　その風圧は、過去の北海道に被害をもたらした台風の4倍の破壊力をもち、町内の農園から北北東方向に向かって、民家や建物を巻き込みながら推定時速約80kmのスピードで駆け抜けました。

　その距離は1400m、幅は最大で300m、時間にすると15〜20秒ほどのあっという間の出来事です。

　竜巻の通り道に建てられていた2階建てのプレハブは900mも飛ばされ、9人が死亡し、そのほか31人が重軽傷を負いました。

【経過】

　その日は、朝からよく晴れていましたが、上空には冷たい空気があり、大気の状態が非常に不安定になることが予想され、気象台は、佐呂間町を含むオホーツク海側全域に、午前6時46分、「雷注意報」を発表しました。落雷・ひょう・竜巻などに注意を呼び掛ける情報です。

　このような日は、気温が高くなるほど、不安定度が増し、激しい気象現象が発生しやすくなります。佐呂間町は、昼前にかけて気温が急激に上がりました。日差しと暖気と、フェーン現象も加わり、著しく高温となったのです。観測された最高気温は18.4℃で、平年より9℃も高く、9月下旬並みでした。

　その後、空気を急冷するかのように寒冷前線

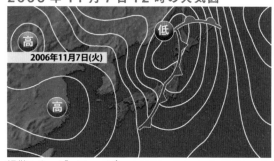

2006年11月7日12時の天気図

2006年11月7日(火)

提供：ウェザーニューズ

が通過（左ページ天気図）。通常は1時間程度で消滅する積乱雲が、約3時間かけて、これ以上発達できないほど大きくなって竜巻を発生させ、日本の災害史に残るほどの甚大な被害をもたらしました。

　後の検証で、この竜巻は巨大な積乱雲「スーパーセル」の発生により生じたものと発表されています。

【他地域でも発生】

　当日は、佐呂間町以外でも竜巻が発生していて、午前11時40分ごろに日高町（住宅の屋根一部損壊2棟、ハウスの損壊20棟）、午後2時30分ごろに陸別町〜足寄町（小屋・倉庫の倒壊、30〜40本の倒木）で被害が出ました。上空に強い寒気が流れ込むと3日ほど滞在し、大気の不安定な状態が続くので、竜巻の発生は数日にわたって起こることもあります（☞P86）。

　翌日（8日）は留萌市、羽幌町でも突風が発生し羽幌高校のグラウンドフェンスや街路灯が倒壊しました。翌々日（9日）は奥尻島でも竜巻が確認され、10棟の住宅に一部損壊などの被害がありました。

竜巻が通過した後のオホーツク管内佐呂間町若佐地区。
プレハブ2棟は跡形もなく消え、残がいに変わっている（2006年11月8日）

竜巻の予報と防災情報

　佐呂間町の竜巻が発生した当時、気象予報の現場では、数時間前にレーダーによってオホーツク海側の内陸部に積乱雲を捉え、竜巻発生の可能性が高いことを把握できていました。しかし、その情報を緊急に伝えることができませんでした。竜巻に関する防災情報がなかったのです。

　これを教訓として、2008 年 3 月から「竜巻注意情報」が発表されるようになりました。

　竜巻発生の可能性があると判断された場合、まず前日から半日前に発表されるのが、「石狩地方に竜巻などの激しい突風のおそれ」などと明記された気象情報です。天気予報などで呼びかけるほか、各機関の対応が始まります。ただ、竜巻の予測は難しく、実際に発生するかどうかは直近にならないとわかりません。

　1 時間ぐらい前にいよいよリスクが高まると、「竜巻注意情報」が発表されます。テレビ、ラジオでは速報ニュースとして流れる緊急情報です。竜巻注意情報は他の注意報・警報とは異なり、1 時間の有効期限があります。1 時間後に発生の可能性が継続されていなければ、自動的に解除されます。その他の防災情報は、解除が発表されるまでは有効です。

　また、気象庁はウェブサイトで「竜巻発生確度ナウキャスト」を公開し、1 時間先までの予報を 10 分おきに更新しています。可能性によって 2 段階に色分けされ、確度 2 では 7 〜 14％の確率で竜巻が発生します。竜巻の情報を通知してくれるスマートフォンアプリもあります。

竜巻発生確度ナウキャスト

気象庁「ナウキャスト（竜巻発生確度）」

https://www.jma.
go.jp/bosai/nowc/

　天気予報だけに頼らず、自分でも竜巻の前兆を察知できれば、適切な避難につながります。雲の底から下がる漏斗状の雲の渦が見えたり、砂ぼこりやがれきが地上から巻き上げられるのが見えたら、それは竜巻の可能性があります。また、ひょうや雨が激しく降った後に無風状態になる、雷鳴が数秒間にわたって長く聞こえる、急激な気圧の変化で耳に異常を感じるなども、竜巻の前兆の可能性があります。

竜巻の前兆現象（こんな前兆があったら）

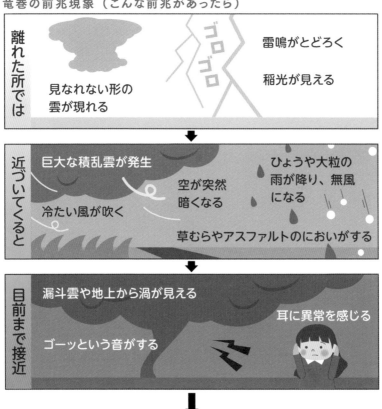

離れた所では
見なれない形の雲が現れる
ゴロゴロ
雷鳴がとどろく
稲光が見える

近づいてくると
巨大な積乱雲が発生
空が突然暗くなる
ひょうや大粒の雨が降り、無風になる
冷たい風が吹く
草むらやアスファルトのにおいがする

目前まで接近
漏斗雲や地上から渦が見える
耳に異常を感じる
ゴーッという音がする

直ちに身を守る行動をとりましょう（☞ P174）

航空機も墜落させる突風・ダウンバースト

　竜巻と同じようにすさまじい破壊力をもつ突風に「ダウンバースト」があります。竜巻もダウンバーストも発達した積乱雲に伴って発生しますが、竜巻は空に向かってらせん状に吹き上げるのに対して、ダウンバーストは積乱雲から吹き下ろす気流による現象です。爆発的な下降気流が地面に衝突し、突風が強く水平に噴き出します。発生確率は、竜巻の10倍ともいわれています。

　特に航空機への影響が深刻で、離着陸時に高度が急に下がってコントロールがきかなくなり、墜落などの被害につながります。北海道でも2017年5月、自衛隊のプロペラ機が北斗市の山中に墜落する事故が発生し、専門家にはダウンバーストが原因と考える人もいます。

　全国的に発生し、6～9月に多く、発生時間帯は午後2～3時に頻度が最大になり、雷を伴うことがほとんどです。突風被害が確認されると、速報ニュースなどで「竜巻とみられる激しい突風が発生」と報じられます。まだ竜巻と断定しないのは、ダウンバーストや、積乱雲の下にたまった冷気が地表に沿って流れ出して発生するガストフロント（突風前線）の可能性があるからです。気象台や研究機関が現地調査を行い、原因が特定されるまでに1～2日はかかります。竜巻の被害は通過後の残骸があらゆる方向を向いて入り乱れているのに対し、ダウンバーストの被害は列をなすように同方向に並び、直線の嵐の爪痕を残します。

竜巻

ダウンバースト

ガストフロント

お天気コラム 空の天井

2019年に大ヒットした映画「天気の子」では、ポスターに巨大な「かなとこ雲」（☞P91）が描かれ、代表的なシーンにも登場し、この雲が話題になりました。また、「天空の城ラピュタ」にも竜の巣として登場しています。

かなとこ雲がアニメ作品でも取り上げられるのは、雲の中で最も高くまで、つまり、「空の天井」まで発達する「雲の王様」だからかもしれません。

空は無限の宇宙につながっていますが、天気の世界では、明らかな境目としての天井が存在します。

空の天井は、対流圏と成層圏の境（対流圏界面・高度約11km）にあります。

対流圏では地上が暖かくなると、空気が軽くなり上昇気流が発生します。高度が上がるにつれ気温が低くなるので、上昇気流が冷やされ雲ができます。そのため、対流圏では気象現象が起こり、天気が変わるのです。

一方、成層圏では、高度が上がるにつれて温度が高くなり、対流圏と逆の温度分布になります。対流圏上部の低温の空気は、成層圏に入り込んでも、それ以上は上昇できません。このため、どんなに強い上昇気流でも、対流圏界面で止まり、雲が発生できないのです。

ちなみに、飛行機の窓から外を見ると、いつも晴れていますね。それは成層圏を飛行しているから。かなとこ雲も見下ろす高度です。ただ、かなとこ雲の下では、竜巻などの激しい突風、雷、ひょう、ゲリラ豪雨がもたらされ、人を気象災害にさらすリスクが発生しています。

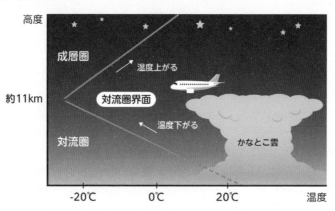

9. 大雪・吹雪

日本一難しい!? 北海道の雪予報

　初雪の平年日は、旭川が 10 月 19 日、札幌と函館は 11 月 1 日。気象予報士にとって、最も頭を悩ませるシーズンの到来です。北海道の雪予報は、日本で一番難しいと思っています。青空の下で雪が降るという天気にあったことはありませんか。実はこの現象、全国的にも珍しいのです。

　本州では、雪雲の位置が予測できれば、降雪エリアとの誤差はそれほど大きくありません。しかし北海道では、低温のため雪が軽くて舞いやすく、雪雲から落ちてくる間にどんどん風に流されます。また、雪雲は風向きが少し変わっただけで、流される場所が変わります。山地の影響などもあり、降雪エリアは風によって大きく変わるのです。気温や湿度で雪の水分量や重さ、雪雲の流され方も変わります。たくさんの条件が複雑に関係してくるため、雪予報は一筋縄ではいかないのです。

お天気コラム　山の雪が早いと、麓の雪は遅い

　北海道の屋根、大雪山系では、9 月中ごろにシーズン初めての雪が降り、9 月下旬に山頂付近が白くなります。初冠雪を観測する山は、旭川地方気象台から見える旭岳、同様に、札幌は手稲山、函館は横津岳などです。

　初雪をもたらす前線は山からやってきて、約 1 カ月かけて平地にたどり着きます。各気象台で初冠雪の観測が平年に比べて極端に早いと、麓の初雪は遅れることが多いです。雪を降らせるような強い寒気は、北極付近からやってきますが、あまり早くやってくると、次の寒気が溜まるのに時間がかかるからです。「山の雪が早いと、麓の雪は遅い」と言われる所以です。

気象台が観測する初冠雪の平年日

旭岳	旭川	9 月 25 日
利尻山	稚内	10 月 3 日
雌阿寒岳	釧路	10 月 17 日
斜里岳	網走	10 月 14 日
手稲山	札幌	10 月 18 日
鷲別岳	室蘭	10 月 31 日
横津岳	函館	10 月 29 日

雪の基礎知識

　日本など温帯地方では、夏でも雪が降ります。といっても、上空の話です。高度が上がるほど気温が下がり、雲が浮かぶ高さでは夏でも氷点下になります。

　発達した雲の上部は氷の粒が集まってできていますが、氷が大きく成長すると、上昇気流が支えきれず地上に落下します。解けると雨になり、解けずに落ちてくると雪になります。

　夏に上空で降る雪は、地上付近が暑いので、解けて雨になります。雨か雪かの判別をするために、気象予報士は上空1500m付近の気温を参考にします。上空が−6℃以下だと、解けずに落ちてくるため雪になり、上空が−3℃前後では地上の条件次第。地上の気温が0℃以下だと雪ですが、地上の気温が5℃以上でも湿度が高いと、解けずに雪のまま降ることがあります。例えば、気温が5℃のとき、湿度50％だと雪、湿度80％だと雨になります（右表）。

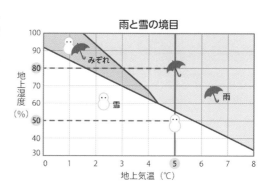

雨と雪の境目

　日本雪氷学会によると、雪は含まれる水分量によって性質が変わり、また、時間が経つにつれ形状が変わるため、細かく分類されています。

　降雪は、「玉雪」「粉雪」「灰雪」「綿雪」「餅雪」「べた雪」「水雪」、積雪は「新雪」「こしまり雪」「しまり雪」「ざらめ雪」「こしもざらめ雪」「しもざらめ雪」などの種類があります。

　例えば「餅雪」は、解けかけた雪で水分を多く含み、お餅のように柔らかく、形状を自由に変えやすい雪です。「しもざらめ雪」は雪の中に霜がおりる現象で、「こしもざらめ雪」はその霜の粒が小さく、極めて低温下でなければ形成されないため、日本では北海道だけの雪かもしれません。

暖かい日本海は雪雲工場

　11月になると、天気図に2つの「主役」が現れます。西の「シベリア高気圧」と、東の「アリューシャン低気圧」です。これらが強まることで、西高東低の典型的な「冬型の気圧配置」が増えてきます（下図）。

　2022年2月6日、札幌市では、24時間降雪量60㎝を記録しました。史上一番の大雪です。当日正午の衛星画像を見ると、北海道から本州の太平洋側にかけて、強い寒気を示す筋状の雲の「吹き出し」が写っているのが見えます（衛星画像）。

西高東低の気圧配置

　冬型の気圧配置によって北西の季節風が吹き、シベリアからの寒気が北海道に流れ込んできます。その途中で暖かな日本海を経由しますが、このときの日本海は、暖流の影響で海水温が真冬でも5〜10℃でした。この暖かい海と冷たい空気との温度差により、お風呂でもくもくと湯気が上がるのと同じメカニズムで水が盛んに蒸発し、上昇気流が発生して雲を作ります。これが日本海側の山地にぶつかり、せき止められることで積乱雲が発達して、山の日本海側のふもとで雪が続くのです（右ページ図）。

　ちなみに、もしも日本海がなく、ユーラシア大陸と北海道が陸続きだったら、北海道

2022年2月6日12時の気象衛星画像

に雪は降りません。中国や韓国などと同様に、ただただ、寒さが厳しくなるだけです。暖流が流れ込む日本海は、寒さを雪に変える海なので、北海道や本州の日本海側は世界的にも最も雪が降る地域なのです。

　冬の初めに極端な大雪になるのは、高い海水温が雪雲のエネルギーになるからです。北陸・東北の日本海側は、北海道よりもさらなる豪雪地帯です。青森県の酸ヶ湯は年間平均降雪量が1706cmで、札幌の3倍以上です。海水温が高いことと、シベリアの冷気が日本海を渡る距離が長い（北海道付近の2倍、約1000km）ため、雪雲がどんどん発達するのです。
　また、上空の寒気が強くても、大雪になります。海と空気の気温差が大きいほど雪雲が発達するのです。
　雪雲となる冬の積乱雲は、夏ほど海水温度が高くなく、上空と地上の気温差が大きくならないので夏のようには発達せず、地面からの高さは1500mに届きません。そのため、大雪山系や日高山脈のような高い山地をなかなか越えられず、山地の日本海側に雪を降らせます。その一方で、太平洋側の十勝、釧路、根室地方やオホーツク海側は冬晴れとなります。

西高東低の気圧配置による降雪の仕組み

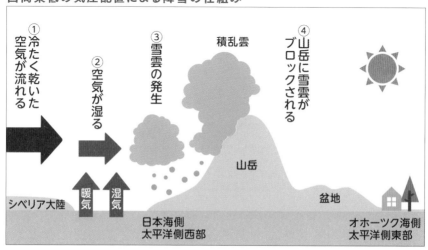

等圧線の向きと本数にご注目！

まずは向きを見よう

　西高東低の冬型の気圧配置のときは、日本海側で発生した雪雲が北海道の陸地にかかりますが、どのエリアで雪が降るかは風次第で、山など地形の影響も大きく受けます。

　そこで、冬型の気圧配置になったら、まず等圧線の向きに注目してみてください（右ページ図）。北西から南東へ斜めの縞模様になっているときは、西からの風（西風）。南北の縦縞になっているときは、北からの風（北風）が吹きます。このどちらになるかで、雪の降るエリアが異なります。

　縦縞模様、すなわち北風のときは、札幌で雪が多く降ります。石狩湾に集まった雪雲が、北風によって直接入ってくるからです。一方、西風のときは雪雲が西の手稲山にせき止められるため、札幌は晴れて、岩見沢や倶知安で雪になります。

　ただし、オホーツク海沿岸の雪は流氷によって状況が変わります。冬前半（11〜1月）は、オホーツク海の水蒸気が雪雲のもとになります。北からの風が吹くと、海でできた雪雲が陸地に流れ込み、雪が降りますが、流氷が接岸すると（2月上旬〜中旬）、海が「氷の陸地」に変わり、海からの水分供給がなくなって雪雲ができにくくなります。北からの風が吹いても、ほとんど雪が降らなくなるのです。

次は本数をチェック

　さて、お住まいの場所で雪が降りそうな気圧配置になっているときは、今度は等圧線が北海道に何本かかっているのか、数えてみてください。

　等圧線は、4hPaごとに書かれています。

　等圧線の数が多いほど気圧の差が大きく、高気圧から低気圧に向かって勢いよく空気が流れるため、風が強まります。

　北海道にかかる等圧線が多いほど、風が強く吹きます。目安は、4本で吹雪に注意。5〜6本以上では暴風雪に警戒が必要で、いわゆる「ホ

ワイトアウト」（☞ P114）などで外出する際は命に危険が及ぶレベルです。

　例えば、札幌や千歳だと、「等圧線の向きが縦縞、北海道にかかる等圧線が6本以上」は、都市部では暴風雪によって交通機関がストップし、物流なども滞ることがあるので、覚えておいてください。

　また、南からやってきた低気圧が、オホーツク海で急発達し、爆弾低気圧（☞ P60）になることがあります。冬型の気圧配置が強まり、まれに、北海道にかかる等圧線の数が7本以上になることもあります。過去には、交通や物流が止まり、建物の倒壊や車の立往生による一酸化炭素中毒、凍死など人的な被害も発生しています。

等圧線の向きと風

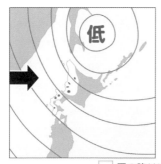
西からの風

北からの風

☐ 雪の降りやすい所　■ 大雪になりやすい所

風向きと降雪エリア

西風のとき、雪が降るエリア	北風のとき、雪が降るエリア
・幌加内町を中心にした上川北部 ・留萌〜沼田方面（風が強いときは、深川・旭川まで） ・石狩市浜益〜滝川に抜ける谷間 ・当別・月形から岩見沢、（風が強いと夕張まで） ・岩内から倶知安、京極、蘭越、ニセコ方面 ・寿都から黒松内 ・江差から鹿部に抜ける谷間	・天塩川の上流・中流域（上川北部〜宗谷南部） ・留萌から暑寒別岳の北側 ・札幌・小樽（風が強いと千歳まで） ・古平、余市から仁木・赤井川方面 ・稚内からウトロにかけてのオホーツク海側（流氷が接岸していない時期）

2021〜2022年の札幌の大雪

　北京オリンピックが開催された2021年度の冬、札幌は2度も記録的な大雪に見舞われました。

　冬の始まりは極端に遅く、12月半ばまでは雪が全くなかったのですが、12月18日の24時間降雪量は観測史上1位の55㎝の大雪で、根雪となりました。冬型の気圧配置で風向きは北風。日本海の海水温が高く、雪雲が発達しやすくなっていました。

　年が明け、1月の札幌はとても雪が多く、月降雪量は182㎝。平年の1.3倍です。上で述べた、冬型の気圧配置の「北風」パターンの日が多かったことが、原因の1つと考えられます。また、太平洋側と日本海側で2つの低気圧が同時に居座り、その間を南からの湿った暖かい空気が北上して、全道に大雪を降らせたことも影響しています。

　そんな状況で、2月6日、24時間降雪量が60㎝に達する大雪が降りました。1999年以降の観測史上最大を記録、かつこの冬2度目の更新でした。除排雪が追いつかないまま、追い打ちをかけるように2週間後の2月20日、さらに30㎝以上の雪……。札幌市内は大雪パニックとなりました。あちらこちらで車は立ち往生。郵便や新聞配達のほか、ゴミ収集車も来ることができません。札幌だけでなく、恵庭や千歳など道央の広範囲で記録的な大雪となり、交通まひや物流への影響は3日以上も続きました。この降雪も、冬型の気圧配置の「北風」パターンによるものでした。

　このように、札幌など道

2月5〜6日
北西からの風が石狩湾上で
発達した雪雲を運び続ける

石狩湾
手稲山
羊蹄山

通常
西風が多く、
山に遮られる

**2月6日の
24時間降雪量**
小樽市 37㎝
札幌市 60㎝
※午後11時現在の最大値

4

央圏で局地的な大雪となったのは、北風が吹く冬型の気圧配置が多かったからです。

　通常の年に多い「西風」パターンの冬型の気圧配置だと、手稲山や羊蹄山が雪雲をブロックし、札幌市内に雪雲が流れ込みにくく、むしろ晴れ間が出ることもあります。一方、2022年2月5〜6日は北風が吹き、石狩湾でつくられた雪雲が札幌付近に直接流れ込んだため、札幌市内で集中的に積雪が増えたのです。

　2月5〜6日の雪はピークが2回あり、合わせて24時間降雪量は60cmとなりました。特に2回目の雪は、突然、風向きが変わったことによるもので、予想以上の雪の量になったほか、大雪警報を発表するタイミングも遅れてしまったのです。

　北海道の雪予報は、最新の気象技術やAIを用いても、まだまだ難しく、予報現場では、実況を監視しながら情報を随時更新して対応をしています。しかし今回のように、降雪量や大雪のタイミングが予測を外れてしまうことがあります。

　また、この大雪は「ラニーニャ現象」（☞ P78）が発生していたことと関係があるかもしれません。ラニーニャの冬は、強い寒気が日本付近に流れ込みやすく、道内でも特に札幌など道央圏は、その影響を受けやすい可能性があります。

　今後、温暖化が進むと、北海道の平均降雪量は少なくなると予測されていますが、ラニーニャの発生やほかの条件が重なると、突発的に大雪になることがありそうです。

吹きだまりや雪山で車道は渋滞、バスが運休し歩道が歩きづらくなる状況が続いた札幌市内
（2022年2月22日、札幌市白石区）

着雪注意報と着氷注意報

　冬の荒天が予想されるとき、気象台から「着雪注意報」や「着氷注意報」が発表されることがあります。1字違いですが、条件は全く違います。着雪はプラスの気温で降る「湿り雪」のときで、着氷は気温−5℃以下、風速8〜10m以上の「厳寒の吹雪」のときです。

　着雪注意報は、冬の初めや冬の終わりに、低気圧が通過するときに発表されることがほとんどです。水分を含んでいるため、重たい雪で、北海道では「ボタ雪」や「ベタ雪」と呼ばれることがあります。

　着雪の被害は、日常生活への影響が大きなものになります。湿った重い雪はすぐに凍りつくため、車のフロントガラスや交通標識などに付着します。除雪にも時間がかかり、列車やバス、飛行機などの公共交通機関も大きく乱れます。

　着雪に暴風が加わると、被害はさらに甚大になります。2012年11月、北海道の南を低気圧が通過し、登別市の送電線の鉄塔が倒壊。胆振・日高地方で56000戸が4日間の停電に見舞われました。その間、暖房が使えず寒さに震える過酷な生活が続き、冬の災害の厳しさを見せつけられました。同じように2022年12月22〜23日には、オホーツク海側や太平洋側で湿った雪が降り続いて大雪となり、鉄塔の倒壊や倒木による送電線の切断によって、紋別市全域やオホーツク海側を中心に、大規模停電となりました。

　一方、着氷注意報は漁船や船舶に注意を呼びかける情報です。厳寒の吹雪の中では、船体にかかったしぶきが大量に凍結し、船の重心が上がってバランスを崩し転覆することもあります。

　昔は日本海で真冬のタラ漁に出ていた漁船が転覆し、遭難する事故が数多くありました。着氷注意報は、宗谷、留萌、後志地方、オホーツク海側などで、ひと冬に数回発表されます。冬型の気圧配置がかなり強いときは、檜山地方や太平洋側沿岸部でも出ることがあります。ちなみに、本州ではめったに発表されません。

南岸低気圧──太平洋側のドカ雪

　新千歳空港が危ない──北海道の南を低気圧が通過する「南岸低気圧」の発生により、道南や石狩南部、太平洋側ではドカ雪になります。

　南東の風が運ぶ雪雲が、沿岸の苫小牧を越えて内陸の千歳まで入り込むと、飛行機の欠航で空港が閉鎖となり、さらに札幌まで雪雲が届くと、列車やバスなどの交通網が大混乱となります。

　南岸低気圧が通過すると、普段は雪が少ない太平洋側も、極端な大雪になります。2018年3月1〜2日、伊達市大滝で総降雪量94cmを記録し、十勝地方の広尾町、中札内村、芽室町でも60cm以上の積雪となりました（天気図）。また、道内の日降雪量の最高記録は1970年3月16日、帯広での102cmですが、これも南岸低気圧によるものです。

　南岸低気圧は、黄海や東シナ海付近で生まれます。南からの温暖な空気が、北海道付近で急に冷やされて雲が発達します。雪質は湿って重く、風が強いと着雪で電線が切れたり、ハウス倒壊などの被害が出ます。

　南岸低気圧は、上空に強い寒気があるとブロックされて北上できません。このため、真冬よりも冬の初め（11月）や後半（2〜3月）に多く、暖冬の年にも多くなります。ただ、真冬に訪れることも珍しくなく、特に12月25日〜31日に多いです。これは南岸低気圧の特異日（高い確率で特定の気象が現れる日付）とされ、「年末低気圧」とも呼ばれます。帰省ラッシュの足を大きく乱す厄介物です。

　年末低気圧の通過後は、クリスマス寒波や年末寒波と呼ばれる強い寒気が上空に入り、再び冬型の気圧配置に戻ります。太平洋側で大雪になった翌日に、日本海側で大雪になるなど、全道的に荒天が続きます。

2018年3月1日午前3時の天気図

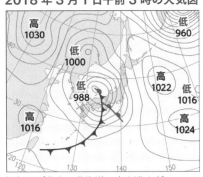

低気圧が北上し北海道の南を進んだ

流氷の影響で札幌が大雪に!?

　2月の厳冬期に、札幌など道央圏が局地的な大雪に見舞われることがあります。意外にも、遠く離れたオホーツク海の「流氷」が原因のことがあるのです。流氷がびっしりと接岸して内陸で−30℃前後まで下がった日は、遠く離れた道央圏で大雪に注意です。

　オホーツク海は北半球の流氷の南限です。海が氷で覆われるのは珍しく、オホーツク流氷科学センター元所長の故青田昌秋氏は「奇跡の凍る海」と呼びました。海水の塩分が大陸のアムール川から流れ込んだ淡水で薄められ、シベリアからの−40℃の寒気で冷やされてできた氷です。

　網走で流氷が初めて接岸するのは平年で2月4日。そして2月中旬ごろ、オホーツク海が流氷に覆われ「氷の陸地」になると、海に氷のふたがされて蒸発する水の量が減り、雲ができにくくなります。このため網走・北見・紋別地方は晴天率が高くなります。海が氷に覆われると太陽の熱を吸収しにくくなることに加え、晴れた日には放射冷却（☞ P124）が起こり、オホーツク海沿岸から上川・釧路・十勝地方の内陸部にかけて、厳しい冷え込みとなります。

　こうして内陸で溜まった冷気は、あふれ出すように全道に広がります。旭川周辺から石狩川に沿って道央圏に流れていくこともあり、この日本海に向かう冷気の流れは、逆向きに吹いている季節風とぶつかります。すると上昇気流が発生し、雪雲が発達します。

　冷気と季節風がぶつかって雪雲が発達するのは、たいてい石狩から後志地方のどこかピンポイントです。札幌や小樽など都市部かもしれません。

網走沖で流氷の中を進む流氷観光砕氷船「おーろら」
（2022年2月28日）

お天気コラム 魔の間——2013年3月の暴風雪災害

　2013年3月2日の予想天気図や資料を見て、背筋が凍る思いでした。低気圧の発達は、ありえないほどの968hPa。北海道付近では台風でもこれほどまで気圧は下がりません。さらに上空には強い寒気。最悪な条件が重なり、予想通りの気圧配置になったら、無事であるはずがありません。

　資料がそろって予報の精度が高まったとき、すぐに気象台に問い合わせると、「2日後の暴風雪が人の命を奪うレベルであること。ただそれは暴風雪そのものではなく小康状態があるからで、嵐はおさまらずに続いたほうが、むしろ安全かもしれません」と、返事が返ってきました。

　さらに、「気象キャスターがテレビで解説するときは、今回の嵐には一時的におさまる時間があることを強調してください。週末の午前中なので、油断して外に出てしまうことが心配です」とのことでした。

　それを受けて、私は放送で「魔の間」という言葉を使いました。「油断を誘う魔の時間が訪れる」という意味です。なるべく多くの方々に、真剣に受け止めてもらえるようにと祈りながら。

　しかし、心配は皮肉なほどに当たりました。前夜からの吹雪は朝におさまり、晴れ間さえ出て、穏風に。嵐は去った、あるいは予報は大げさだったと判断した人もいたでしょう。その後、天気は昼過ぎから急変し、道東を中心に道内全域が暴風雪に襲われます。各地で吹きだまりによって立ち往生する車が続出。湧別町、網走市、北見市、富良野市で遭難者計4人が亡くなりました。中標津町でも1人が遭難し、雪に埋まった車中で母子4人が一酸化炭素中毒となり、いずれも死亡。あわせて9人が犠牲となりました。

　竜巻、落雷、ゲリラ豪雨は予測が難しいがゆえに、人的な被害をもたらします。しかしこの吹雪は、2日前に予測できたものの、被害を防ぐことはできませんでした。気象関係者にとって、これほど無念な出来事はありません。その後、気象台などの研究機関や自治体、テレビ局などが、災害報道と伝達手段について、議論と勉強会を続けています。

忍者のような低気圧——石狩湾小低気圧

　神出鬼没で気まぐれ、天気図にも現れず、予報関係者の頭を悩ませる、まるで忍者のような低気圧があります。

　この「忍者低気圧」は冬に突然現れては、道央圏のどこかで1日で50cm以上の大雪を降らせます。その存在を事前にとらえるのは困難です。

　この低気圧は周囲よりわずか2hPa低い程度で、規模が小さく、寿命も数時間から半日程度です。このため、4hPaごとに等圧線が描かれる天気図には現れないことがほとんどなのです。

　2010年1月17日、石狩市では1日で54cmの降雪になりました。札幌市内では北東部は大雪になりましたが、南部はそれほど降りませんでした。この日は大学入試センター試験で、開始時間を遅らせるなどの措置がとられました。札幌の中心部から石狩、江別方面に向かった人は、出発地では何事もなかったのに、到着地の大雪に驚いたかもしれません。

　当日、天気図上（下図）では、石狩市周辺に低気圧は現れていませんでしたが、石狩市から札幌市北東部、江別市にかけて50cm以上の降雪となりました。

　また、2021年12月22日正午ごろ、羽幌沖に小さな低気圧が出現し、気象衛星でもその姿がとらえられています。渦の中心には雲がなく、渦の周りを雪雲が取り巻いています（右ページ衛星画像）。

　低気圧から少し離れた豊浦町大岸が一番の大雪となり、22～23日にかけての降雪量は45cmにもなりました。そのほか、黒松内町も43cm、倶知

2010年1月17日午前9時の天気図

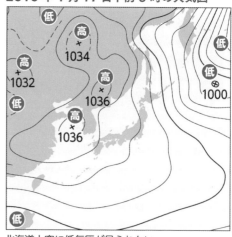

北海道上空に低気圧が見られない

安町も 37㎝の雪が降りました。また強い風を伴ったので、局地的に猛吹雪に見舞われたところもありました。

　この小さな低気圧は「北海道西岸小低気圧」と呼ばれ、ピンポイントに大雪を降らせます。発生場所は羽幌沖、石狩湾沖、寿都沖で、石狩湾にできた場合は札幌のドカ雪に深く関係しており、「石狩湾小低気圧」と呼ばれます。

　冬型の気圧配置がゆるみ始めるときや、低気圧が東に抜けるときなど、天気が回復に向かっているときに急に発生し、小さくてもパワフルな雪雲を通過させます。事前に発生予測ができず、半日前ぐらいにならないとわからない厄介な現象です。メカニズムも完全に解明できておらず、地形や日本海の暖流、流氷も関係すると考えられています。

羽幌沖には小さな低気圧が出現。渦の中心には雲がない。
北海道西岸小低気圧（石狩湾小低気圧）の典型的な衛星画像

2021 年 12 月 22 日の気象衛星画像

22日 12時

吹雪の恐ろしさ——「ホワイトアウト」

　吹雪になると、視界が真っ白になり、方向や距離、地形の起伏などがわからなくなります。どこが地面なのかもわからず、隣にいる人も見えず、突然、真っ白な孤独な世界に放り込まれたようになります。いわゆる「ホワイトアウト」、吹雪による視界不良です。

　雪は寒いほど軽くなります。吹雪は、気温が−2℃のときは風速10m以上で起こりますが、−8℃では、わずか風速3mのそよ風程度で発生します。また、積もった雪が舞い上がる「地吹雪」が加わると、視界はさらに悪くなり、地面の「吹きだまり」で道は普段とは全く異なった形状になります。立ち往生すると、マフラーに雪が詰まり一酸化炭素中毒になる事故につながります。

　そんな吹雪時の外出は、予想をはるかに超える危険な行為となります。風によって雪を含んだ空気が吹き付けるため、体温が奪われ、呼吸も妨げられます。気温0℃、風速20m以上で体感温度は−20℃以下にもなり、装備にもよりますが30分で凍傷にかかり、1時間足らずで低体温症となり命の危険があります。

　油断できないのは、吹雪が一時的におさまる場合があること。つい外に出てしまうと、再び吹雪が強まって視界不良で戻れなくなることがあります（☞P111）。天気予報で「数年に一度の猛吹雪」「外出は控えてください」などのコメントや「暴風雪警報」が発表されたときは、決して無理な外出はしないでください。

猛吹雪で見通しが悪くなった北斗市市渡の大野新道
（2022年2月21日　午後0時40分）

冬の運転は吹きだまりに要注意

　真冬で寒さが厳しいとき、雪は水分量が少なく軽いため、風に舞い上がりやすくなります。

　車道では、雪が降っていなくても、前を走る大型車が路面の雪を舞い上げて地吹雪を起こし、後続車の視界が急に遮られることがあります。また、「吹きだまり」も交通の危険な障害物です。

　吹きだまりは、壁や建物などの障害物に風が当たると、その周りや裏側など風の弱まるところに発生します。除雪作業後、道路脇に積み上げられた雪の壁（雪堤）にもできやすくなります。

　わずかな降雪でも、一晩で数mの吹きだまりができることも。また、何も障害物がない道路上でも、地形の影響を受けて吹きだまりはできます。吹きだまりの上を走行すると、ハンドルを取られて車が横転したり、突っ込んで事故になることもあるので、スピードを落として走行しましょう。

　寒地土木研究所では、吹雪時のドライバーの行動判断を支援するために、北海道内の視界の現況および予測情報を提供しています。事前に登録しておくと、吹雪による視界不良の予測メールが届き、安全確認に役立ちます。

北の道ナビ
吹雪の視界情報（北海道版）

http://northern-
road.jp/navi/
touge/fubuki.htm

吹きだまりに立ち往生した車の列と救助の
除雪作業（2008年2月24日、
空知管内長沼町国道274号）

雪害の現状——毎年約20人が亡くなっている

　雪害の件数は、雪の多い年ほど増える傾向です。近年、最も多かったのは 2012 年度で、北海道全体の降雪量は平年より 3 割も多く、死傷者は合計 515 人（うち死者は 33 人）にものぼりました。

　2021 年度の冬、北海道では 29 人が雪害によって命を落とし、怪我を含めた死傷者は合計 337 人でした。例年約 20 人ほどの人が亡くなっているのです。これは、台風や竜巻、大雨などほかの気象災害を大きく上回ります。雪害の特徴は、自然の力によって直接命を落とすよりも、むしろ雪を克服しようとして命を落とす人が多いことです。

　大雪が降って雪が積もると、建物の倒壊や落氷雪を心配して雪下ろしをしますが、毎年、雪下ろし中の事故が多発しています。特に高齢者の単独事故が多く、屋根に登って雪下ろしをして雪と一緒に転落したり、屋根の雪をついて落としていたところ落雪に巻き込まれた、などの事故が起こっています。積もった雪は、時間とともに重みを増します。特に、プラスの気温にさらされた後や雨が降った後は、急激に重量が増えます。

　新雪でも 1㎥ あたりの重さは約 100kg ありますが、2 ～ 3 日たつと、しまり雪や圧雪になり約 300kg にもなります。さらに気温上昇や降雨があると急激に重量が増し、溶けたり凍ったりを繰り返した「ざらめ雪」になると約 500kg にもなります。北海道の一般的な住宅の屋根面積は平均 81㎡。例えば、ざらめ雪が 50㎝ 積もっていると、その重さは約 20.2 t。屋根に大きな車が 10 台ほど乗っているのと同じです。これが屋根から滑り落ちてきたら、ひとたまりもありません。

　北海道によると、2021 年度の雪害の被害内訳は、雪下ろし中の屋根やはしごからの転落が 47％ を占め、次に落氷雪が 18％、除雪機による事故 6％ など。被害者のうち 72％ が 65 歳以上で、うち 40％ が 75 歳以上です。市町村によっては、除雪ボランティアを募るなどの対策をしていますが、雪害を減らすために社会全体で考える必要がありそうです。

　内閣府や国土交通省は「雪下ろし安全 10 箇条」を呼びかけています。

雪国で暮らす私たちにとっては当たり前のことですが、すべて実行できているでしょうか。特に大切なのが「ひとりで作業をしない」こと。人通りの少ない場所で雪に埋もれてしまうと、誰にも気付かれずに凍死してしまうこともありますが、2人以上いれば、対応できます。

雪下ろしの事故の事例をみると、多くが無理に行う必要がなかったときに発生しています。

現在の住居建築は、屋根積雪荷重を算定した上で設計されており、例えば、札幌市は 140 ㎝、岩見沢市は 130 〜 160 ㎝の雪が屋根に積もっても倒壊しない建て方になっています。これほどの雪が積もることは極めてまれで、札幌では 2000 年以降、一度もありません。

ただ、北海道総合研究所調べによると、雪下ろし事故発生日の積雪深は 60 ㎝前後が最も多くなっています。雪下ろしは、建物の倒壊よりも屋根の雪が落ちると周囲が危ない、という理由もあるかもしれません。そのときは、立ち入り禁止のコーンを置いたり、ロープを張るなど、雪下ろし以外の対策も考えてみてください。

雪下ろし安全 10 箇条

1. 安全な装備で行う
2. はしごは固定する
3. 作業は 2 人以上で行う
4. 足場の確認を行う
5. 雪下ろしのときは周りに雪を残す
6. 屋根から雪が落ちてこないか注意する
7. 除雪道具や安全対策用具の手入れ点検を行う
8. 除雪機の雪詰まりはエンジンを切ってから取り除く
9. 携帯電話を身につける
10. 無理はしない

10. 雪崩

雪崩の種類──意外な要因も!?

　春が近づいて気温が上がり、日照時間が長くなってくると、雪崩に注意が必要です。雪崩は大雪、雨、暖気、強風などの気象条件のほかにも、人や動物などの通行や遠くの列車の振動、人が雪山に足を踏み入れるなどの人為的なことでも誘発されます。

　それからもう1つ、雪崩の意外な原因があります。「地震」です。予測不可能な突然の揺れが、雪崩の引き金になることも覚えておきましょう。また、街の中での落雪や落氷も、最も身近な雪崩といえます。

　実は、雪崩事故の半数以上は人為的な活動が原因と考えられ、特に、スキー場などの立ち入り禁止区域で発生しています。バックカントリーや、立ち入り禁止区域をスキーなどで滑ると、その行為が雪崩を発生させることもあるのです。

　近年の大きな被害としては、2017年2月25日、ニセコのスキー場のコース外で発生し2人が死傷した雪崩。また、同年3月27日、栃木県那須町のスキー場で雪上歩行訓練に参加していた高校の男性教員1人、男子生徒7人が雪崩の犠牲になっています。

　雪崩には「表層雪崩」と「全層雪崩」の2種類があります。

表層雪崩　　　　　　　全層雪崩

　表層雪崩は1〜2月の厳冬期、大雪が降った後に発生しやすく、古い雪の上に積もった表面の新雪だけが滑り落ちる現象です。そのスピードは時速100〜200kmに達することもあり、新幹線並みです。まず逃げられません。猛烈な「雪崩風」を伴うと、その衝撃力は1㎡あたり135tに達した例もあり、鉄筋コンクリートの建物を破壊するほどです。遠くまで達するのも特徴で、発生場所から2km先まで及んだ例もあります。雪崩による死者の9割はこの表層雪崩によるものです。

表層雪崩が起きやすい条件

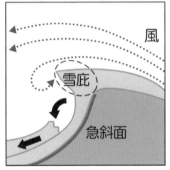

雪庇や吹きだまりができている急斜面に多発。山から吹き下りる強風時も多い

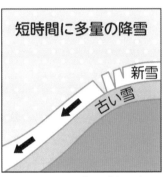

すでにかなりの積雪がある上に、短時間に多量の降雪があった場合

　全層雪崩は気温が上昇する春先に多く、雪が解けた水で地表が滑りやすくなって発生します。時速40〜80kmの速さで、斜面の積雪がすべて滑り落ちます。大規模で、被害エリアが広く、地表を削って森林に爪痕を残すことがあります。発生前に積雪の表面にひびが入ったり、しわがよるなど前兆が見られることがあります。

雪崩を誘う気圧配置

　低気圧が北海道の北を進むときは、雪崩を誘う危険な気圧配置です。風は低気圧に向かって吹くため、北海道では強い南風となって気温が上昇し、雪ではなく雨になることがほとんどです。このため、雪を解かす3条件「強風・高温・雨」がそろい、雪崩が発生しやすくなるのです。

　ただ、その翌日は状況が急変します。低気圧が東に移動して西高東低の冬型の気圧配置に変わると、大雪や吹雪になることが多く、緩んで不安定になった雪面の上に大量の新雪が積もります。そうなると、さらに雪崩が発生しやすくなります。こうして、北海道の北を低気圧が通過したときは、その後数日にわたって雪崩の発生しやすい条件が続きます。このようなときは、天気図で低気圧の進路に注目しながら、気象台からの「なだれ注意報」もチェックしておきましょう。

雪を解かす 3 つの条件

3 つの条件が重なると危険度が高まる

雪崩を誘う気圧配置

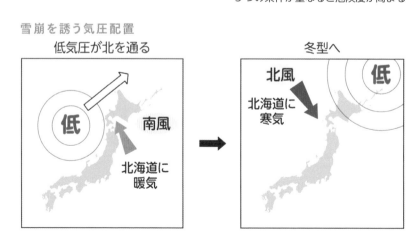

雪崩危険箇所

　北海道は雪崩危険箇所が全国で最も多く、2536カ所もあります（平成16年国土交通省）。人家5戸以上の集落を調査対象としているので、実際はさらに多いでしょう。道路をふさいだり、通行止めによる集落の孤立、空き家を損壊させることもあります。

　発生しやすい斜面は傾斜角30°以上、最も危険なのは35〜45°（スキー上級者コースに相当）と考えられています。一方、60°以上の急斜面になると、雪が積もりにくいので、あまり発生しません。

　植生の影響も大きく、樹木が少なくクマザサなどが生えている場所は、雪をせき止める摩擦が小さいため、雪崩が発生しやすくなります。

　過去に雪崩が発生した場所や、積雪に亀裂があるとき、雪庇（ひさし状に張り出した積雪）のある場所は、雪崩に気を付けなければなりません。

　北海道では「北海道雪崩危険箇所マップ」をウェブサイトで公開しています。山に向かうときや峠を越えるときなど、事前にチェックしておきましょう。

北海道雪崩危険箇所マップ
https://www.njwa.
jp/hokkaido-
sabou/nadare/
index2.html

山の尾根で、風上から吹き飛ばされた雪が、風下側にたまり、ひさし状に張り出した雪庇

11. 寒さ・暑さ

「昔は今より寒かった」は本当？

昔は、「すずめが電線から凍って落ちてきた」「鉄の棒を素手でつかんだら、くっついて離れなくなった」などの逸話をよく聞いたものです。最近では「昔は、もっとしばれた（寒かった）」などと言われ、厳しい寒さに見舞われることが少なくなったように思われていますが、本当にそうなのでしょうか。

　統計を見るとそれはどうやら本当のようで、温暖化などの影響によって、北海道の冬の最低気温は100年で＋3.1℃の割合で上昇しています。各地の最低気温は、明治から昭和初期にかけて記録されたものがほとんどです。下に道内各地の最低気温の記録をまとめました。

道内各地の観測史上最低気温の記録と記録日（気象庁の観測による）

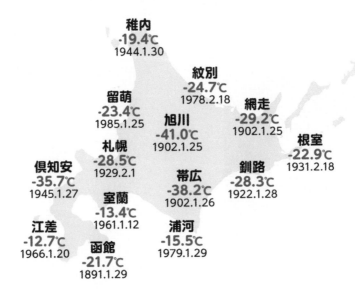

稚内
-19.4℃
1944.1.30

紋別
-24.7℃
1978.2.18

網走
-29.2℃
1902.1.25

留萌
-23.4℃
1985.1.25

旭川
-41.0℃
1902.1.25

根室
-22.9℃
1931.2.18

札幌
-28.5℃
1929.2.1

倶知安
-35.7℃
1945.1.27

帯広
-38.2℃
1902.1.26

釧路
-28.3℃
1922.1.28

室蘭
-13.4℃
1961.1.12

江差
-12.7℃
1966.1.20

浦河
-15.5℃
1979.1.29

函館
-21.7℃
1891.1.29

　北海道は気温観測の歴史が古く、旭川では 1888 年 7 月から始まりました。当時は 1 日 6 回、4 時間ごとの測定でしたが、夜になるとオオカミが出没したため、銃を片手に命がけで行っていたようです。

　観測が始まって初めての冬、－ 30℃を下回り、急いで道庁に報告すると、あまりの低さに「デタラメな観測をするな」と信用してもらえなかったとか。明治期の札幌から見ても、旭川の冷え込みは想像できないものだったのでしょう。その後、1902 年 1 月 25 日に観測した－ 41℃は、気象台観測としては日本一の最低記録として残っています。この日は全国的にも大寒波で、八甲田山系で陸軍の訓練隊が遭難し、隊員 210 人のうち 199 人が死亡する惨事となりました。

　近年では、旭川や帯広で－ 20℃以下を記録するのはひと冬に何日かで、札幌では－ 10℃を下回る日は多くても 10 日ほどです。強い冷え込みは、水道管凍結や破裂のほか、線路上の切り替えポイントの凍結により、列車などの交通機関の乱れにつながることもあります。

　また、冬日（最低気温が 0℃未満）や真冬日（最高気温が 0℃未満）も少なくなっています。1931 年から 2015 年までの、北海道 5 地点（網走、札幌、帯広、根室、寿都）で平均した真冬日と冬日の日数を見ると、10 年につき真冬日は 1.5 日、冬日は 2.6 日減っています。単純に 100 年あたりに換算すると、真冬日が 15 日、冬日は 26 日の減少になります。

　その影響は農業にも出ていて、昔に比べて収穫を遅らせたり、種まきを早めたりする年が増えているようです。

　なお、北海道大学の観測によると、1978 年 2 月 17 日に幌加内町母子里で－ 41.2℃の記録があり、同町のカントリーサインにもなっています。

幌加内町のカントリーサイン

11・寒さ・暑さ

123

晴れた夜の厳しい冷え込み――放射冷却

　雪が降る夜よりも、星が見えて穏やかな夜の方が冷え込みます。

　夜空に浮かぶ雲や雪雲は、日中に地表付近で暖まった空気の熱が、空に逃げないように布団の役目をしているのです。雲の布団がなく、快晴で風が弱い夜は、地上の熱が上空や宇宙に向かって放射され、急激に気温が下がる「放射冷却」が起こります。逆に風が強いと、空気がかき回されて熱がまっすぐ上空に向かわず、放射冷却が起こりにくくなります。

　山に囲まれた盆地では、普段から風が弱く、晴れると放射冷却が起こり、山肌に沿うように冷気が降りてきてたまり場になります。盆地は冷え込みがいっそう厳しくなるエリア。真冬だと、上川地方からオホーツク海側の内陸や、太平洋側の山間部では、－30℃を下回ることもあります。

　また、地表面に雪が積もっていると、熱が逃げやすくなります。根雪になってから寒さが厳しくなるのはそのためで、全道的に１月末に冷え込みのピークを迎えるところがほとんどです。オホーツク海側は、流氷が接岸する２月上旬が寒さの底になります。海が氷の陸地に変わり、晴天率が上がるため、放射冷却が効きやすくなるからです。

　ちなみに、夜間の放射冷却に終わりを告げるのは朝日。太陽が昇り始めると、一転して気温が上がり始めます。つまり、日の出の少し前が冷え込みの底です。

放射冷却のしくみ

晴れて風が弱い＝放射冷却　　　　くもり　　　　　　　風が強い

北海道の冷え込みの4大要因

　北海道が冷え込むのには、大きく4つの要因があげられます。

　第一に、北緯40度以上の高緯度にあること。太陽から受けるエネルギーが弱いことに加え、季節により日の出の時間が極端に変わり、冬は夜がとても長くなります。夜の時間は、夏至のころは約8時間半ですが、冬至のころは、約15時間にもなります。

　ただ、世界的には、北緯40度以上の地域に、札幌と姉妹都市提携を結ぶドイツのミュンヘンもありますが、真冬の最低平均気温は－4℃で、最高気温は＋3℃前後。北海道に比べて格段に冷え込みが弱いのは、ユーラシア大陸の西海岸に位置しているから。北海道は、この大きな大陸の東に位置していることが、第二の理由です。

　北海道より西のシベリアや中国大陸ではダイナミックに放射冷却が起こり、寒気のたまり場になります。冬は大陸から北西の季節風が吹くため、東に位置する北海道は寒気の風下になります。これによって、ますます気温が下がります。

　第三に、前述のように放射冷却が起こることで、さらに冷え込みます。

　第四に、流氷の接岸によってオホーツク海が覆われ、放射冷却が強まることで、オホーツク海から道東、道北エリアの広範囲で冷え込みが強まります。

　ちなみに、大陸と北海道の間には日本海があります。寒気は海を経由するときに雪雲を作るので、寒気のエネルギーの一部が失われ、寒さが緩和されます。日本海は、寒さを雪に変える役目をしているのです。

　そのため、もし日本海がなくて大陸と北海道が陸続きだったら、今よりもさらに10℃ぐらい低温かもしれません。

こんな気圧配置のときは低温に注意！

　北海道は、季節にかかわらず「低温」が深刻な問題となります。冬であれば人命にかかわり、農作物の生育期だと凍害や霜（☞ P129）、冷害などによって不作につながります。

　気象庁では、「低温注意報」や「低温に関する早期天候情報」を出して、冬は水道管凍結、そのほかの季節は農作物の管理に注意を呼びかけています。

　低温注意報の基準は、11 ～ 4 月は最低気温が平年より 8℃以上低いこと。5 ～ 10 月は平均気温が平年より 5℃以上低い日が 2 日以上継続することです。低温に関する早期天候情報は、その時期としては 10 年に 1 回程度の著しい低温となる可能性が高まっているときに、注意を呼び掛ける情報です。

　低温の傾向は天気図から予測することもできます。こんな気圧配置になったら要注意です。目安にしてください。

お天気コラム　温暖化になっても低温対策は必要？

　温暖化が進み、春は暖かくなるのが早くなり、夏は極度な高温に見舞われ、秋や冬の訪れは遅くなっています。

　ただ、厄介なのは季節の歩みにアクセルが踏まれた分、突然急ブレーキをかけられたような寒の戻りが顕著になっていることです。特に農業への影響が大きく、春の作物が早く順調に生長しているのに、突然、霜にさらされてしまい台無しになってしまう年もあるのです。

　また、温暖化が進んでも、冷夏になる年もありそうです。北海道は将来的にも引き続き、低温対策は欠かせないでしょう。

冬

西高東低の冬型の気圧配置が緩み、等圧線の間隔が広がるとき（図①）。上空に寒気が残る中、晴れ間が出て風も弱まるため、放射冷却が起きやすくなります。内陸部では最低気温が− 30℃以下になるところもあります。

①冬の冷え込む気圧配置

冬型が緩み等圧線が広がる

春と秋

西から移動性高気圧に覆われ始めるとき（図②）。特に東に低気圧があるときは、半日ぐらい前まで北風（北西風）が吹いていたため、気温が下がっています。その状態で高気圧に覆われると、放射冷却が加わり、さらに気温が下がります。冬型ととてもよく似た気圧配置です。初夏（6 月上旬）や晩夏（8 月下旬）でも、内陸部では氷点下を観測することもあります。

②春・秋の冷え込む気圧配置

移動性高気圧に覆われ始める

夏

オホーツク海や千島近海に中心をもつ「オホーツク海高気圧」（図③）。これが現れると、海に居座りながら、北海道に冷涼な風を送り込んできます。いったん現れると 1 〜 2 週間以上も停滞することがあり、その間、道東やオホーツク海側を中心に低温・日照不足が続きやすく、厳しい冷害が発生するなど大きな影響を与えます（☞P 128）。

③夏の冷え込む気圧配置

オホーツク海高気圧

冷涼な風

オホーツク海高気圧と冷害

　オホーツク海の水温は、5月末でも流氷の名残りで3～4℃しかなく、7月になってもまだ他の海域より低温です。ここに高気圧ができると、東からの冷たく湿った海風が北海道に流れ込み、気温が下がり、ぐずついた天気となります。

　この「オホーツク海高気圧」は、厄介なことに長期滞在型です。一度発生すると1週間、時には2週間以上も居座り、網走・北見・紋別や道東地方では日照不足と低温がずっと続いてしまいます。農作物の生育に大きな影響を与え、特に暖かい土地が原産である米は、田んぼの水温が下がると深刻な冷害となります。

　北海道だけでなく、東北地方の太平洋側にも深刻な影響があります。東北の太平洋側では、オホーツク海高気圧からの風は「やませ」と呼ばれ、凶作風としておそれられています。

　2003年7～8月はオホーツク海高気圧が繰り返し発生し、オホーツク海側では最高気温10℃台の低温が続くなど、全道的にも冷夏になり、米は不作となりました。戦後最悪の大凶作となった1993年も、オホーツク海高気圧がたびたび現れていました。

　2018年6月中旬から7月中旬は、オホーツク海高気圧とともに、北海道付近に前線が停滞。本来、北海道には梅雨はないと考えられていますが（☞ P130）、前線構造は立派な「梅雨前線」でした。日照不足と低温により、北海道米は不作となりました。

　一方、上川・留萌・石狩・空知地方は、東にそびえる大雪山系が東からの低い雲や冷たい空気をブロックするため、冷害は少ないエリアです。全国有数の米どころと言われる所以です。

お天気コラム 静かな災害——霜

　気象災害のなかには、静かに忍び寄ってくるものもあります。それは「霜」です。農家の方にとっては、死活問題です。

　「八十八夜の別れ霜」ということわざがあります。これは立春から数えて88日目に当たる八十八夜（暦では5月2日ごろ）あたりから、霜がおりる心配がなくなるという意味で、昔は作物の種をまく目安になっていたようです。ただ、「九十九夜の泣き霜」ということわざもあって、九十九夜（5月13日ごろ）でも遅霜に泣かされることがある、と注意を呼びかけています。

　北海道では九十九夜どころか、夏になっても油断はできません。北海道の霜害は6月が最も多く、北見地方では6月13日は「霜の厄日」と言われていたほどです。時期によっては、種のまき直しができず、また3、4月が高温傾向だと、作物が例年よりも早く成長しているため、被害が大きくなります。

　霜がおりると予想される気温の目安は、前夜の午後6時に10℃以下、8時に8℃以下、10時に5℃以下です。気象台では、翌朝の最低気温が3℃以下と予想されるとき、「霜注意報」を発表します。プラスなのに？　と思うかもしれませんが、天気予報の気温は地上約1.2〜1.5mの高さで計測しており、地面近くの気温はこれより少し低く、0℃前後になるから。予報がプラス気温でも要注意なのです。

遅霜被害で茶色く枯死してしまった金時豆の畑
（2002年7月2日、上士幌町）

お天気コラム 北海道に梅雨はあるの？

　気象庁の梅雨入りと梅雨明けは、東北北部までが対象とされ、北海道に対しては発表されません。梅雨前線は北上とともに弱まるため、津軽海峡は越えないとされていました。

　梅雨前線のメカニズムは簡単に言うと、季節のせめぎ合い。春のひんやりとした空気と夏の蒸し暑い空気のケンカです。オホーツク海高気圧からの春の空気と、太平洋高気圧からの夏の空気が、梅雨前線上で激しく押し合い、時に活発な雨雲を作りながら日本列島を北上していきます（下図）。しかしたいてい、北海道に到着するまでに春と夏は仲直りして、梅雨前線は消滅します。

　ただ、近年は、このせめぎ合いが北海道まで持ち越され、梅雨前線が津軽海峡を越える頻度が上がってきたようです。2016年から4年連続で、北海道では夏の降水量が多くなり、2018年7月1日から5日にかけて、北海道付近に梅雨前線がかかり、さらに珍しいことに数日にわたって停滞しました。そのため、上川地方を中心に記録的な大雨に見舞われ、雨竜川や石狩川の一部があふれたほか、土砂災害や農地の浸水、道路冠水など大きな被害がありました。

　2018年、関東甲信地方で6月中に梅雨明けとなり、記録的な早さとなっています（梅雨明けの平年は7月19日）。本州で極端に早く梅雨が明けると、まだ活動が活発なままの梅雨前線が、消滅することなく北に押し上げられ、北海道付近に残ることがあります。

　2022年6月も梅雨前線の影響を受けて全道的に雨が多く、下旬の全道平均の降水量は観測史上一番になりました。特に道南で雨量が多く、今金町では30日までの48時間降水量が211.5mmに達する記録的な大雨となり、畑が浸水するなど作物に深刻な被害も出ました。

オホーツク海高気圧と太平洋高気圧

夏の初めの北海道は、本来の梅雨前線ではなく、オホーツク海高気圧の縁を回って流れ込む冷たく湿った空気によって、特に太平洋側やオホーツク海側がぐずつきやすくなります。本州の梅雨ほどの降水量ではないものの、毎日雨が続くところは梅雨に似ているので、「えぞ梅雨」と表現されてきました。

ただ、最近は、正真正銘の梅雨前線が北海道にかかることがあり、夏前半の降水量が増加傾向にあります。

札幌では6月の平年降水量（1991〜2020年の平均）が60.4㎜となり、以前の平年値（1981〜2010年）に比べ約2割も増えました。これほどの増加率は、全国で札幌、福岡、鹿児島の3地点だけです。九州は豪雨のリスクが高まっており、札幌は道内でも特に、梅雨の傾向が進んでいるのかもしれません。道南や太平洋側西部でも、過去30年の降水量は増加傾向で、もはや北海道に梅雨がないとは言い切れなくなってきたようです。

北海道では従来、6〜7月の晴天が農業に生かされてきました。しかし梅雨前線の影響を受けた夏は、日照不足のダメージが収穫量、作物の出来にも響いてしまいます。夏の天候が変わってきた今、農作物の雨対策や品種改良、生育時期の見直しも、真剣に検討する必要がありそうです。

2018年、梅雨前線が北海道に居座ったときの天気図

6月30日午前9時

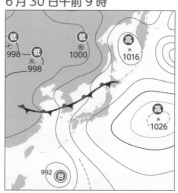

7月1日午前9時

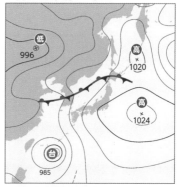

7月10日午前9時

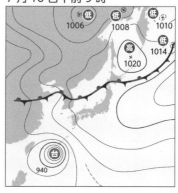

猛暑をもたらすフェーン現象

　年中涼しいように思われがちな北海道ですが、実は、暑さの記録は沖縄や鹿児島を上回ります。北国と思えないほどの高温が発生する原因は「フェーン現象」です。

　道内の最高気温の記録は、2019年5月26日に佐呂間町で観測された39.5℃。これは、那覇（35.6℃）や鹿児島（37.4℃）の記録を上回ります。ちなみに国内では、2018年7月に埼玉県熊谷市、2020年8月に静岡県浜松市で記録した41.1℃が最高です。

　北海道の暑さは、山が作り出します。「フェーン現象」と呼ばれ、湿った風が山を越えるときに雨を降らせた後、山頂を過ぎて吹き下ろすときに、乾燥し気温も上がっていくため、風下側のふもとで極端に気温が上がる現象です。このとき山を吹き上がる空気は、雨を降らせながら100mにつき約0.6℃温度が下がり、山を吹き下りる空気は、100mにつき約1℃温度が上がります（下図）。

　フェーン現象が起こりやすいエリアは、オホーツク海側と十勝地方。オホーツク海側では、南西の風が大雪山系を越えて吹き下ろし、高温をもたらします。十勝地方では、西風だと日高山脈の影響で高温になります。ちなみに札幌周辺でも、西風や南西風のときは、手稲山など1000m以上の山の影響で、周囲に比べ気温が上がります。

フェーン現象の仕組み

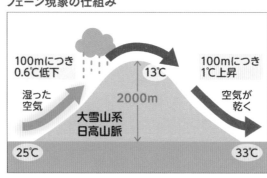

北海道の夏の特徴

　北海道は、季節によって四季が始まる場所が変わります。春の始まり
は道南から。本州から北上する桜前線は、松前町に上陸し、道内で最も
早くソメイヨシノが開花します。一方、秋は北から始まります。8月中旬
になると、秋雨前線が北から南へと通過しながら秋の空気に入れ替わり
ます。お盆を過ぎると、宗谷地方から涼しくなっていきます。

　そして、冬は山からやってきます。北海道の屋根と呼ばれる標高2000
m級の大雪山系では、9月後半になると、初雪の季節を迎えます。最高
峰の旭岳の初冠雪の平年日は9月25日です。

　さて、北海道の夏はどこからやってくるでしょう。

　例年だと「道東・オホーツク海側から始まる」と言えそうです。春にな
ると、南西の風が増え、大雪山系や日高山脈の高い山を越えると熱風に
変化するフェーン現象で、極端に気温が上がることがあります。4月下旬
に、まだ雪の日があるにもかかわらず、突然25℃以上の夏日になったり、
5月に全国トップを切って、30℃以上の真夏日を観測することも珍しくあ
りません。

　道東・オホーツク海側で夏が始まると、続いて、日本海側北部で暑く
なる日が増えます。6月は上川、留萌、空知地方で晴天率が上がり、道
内でも気温が高くなります。冷涼な東風が吹いても大雪山系の高い山に
ブロックされ、太平洋の海風が運ぶ霧が届かない地域だからです。

　7月後半から8月初めになると、全道的に暑くなり、その年の最高気
温を観測します。その後は、日を追うごとに涼しくなりますが、釧路や根
室などは、霧から解放される立秋（8月7日ごろ）以降に、暑さのピーク
を迎えることも珍しくありません。

　また、道南は9月にかけても暑さが続くなど、道内で最も夏が長い地域。
夏の後半は、海水温が1年で最も高くなり、本州の暑さの影響を受けや
すいからです。北海道は地域ごとに夏の特徴が異なるのです。

夏日が増えている北海道

　2021年の北海道は、記録的な暑さに見舞われました。函館、旭川は観測史上1位の暑さを記録したほか、札幌では最高気温が30℃以上の「真夏日」が史上最長の18日間続き、35℃以上の「猛暑日」も史上最多の3日観測しました。この期間中、札幌ではオリンピックのマラソンと競歩が行われましたが、東京よりも暑かったのです。

　道内各地の最高気温の多くは、2019年と2021年に更新されています（下図）。各地で暑さ記録を観測した日はもちろん晴れていますが、日差しだけではここまで気温が上がりません。それぞれの地域で、フェーン現象の効果が加わっています（☞ P132）。

道内各地の最高気温と記録日

道内TOP①

道内TOP③

稚内
32.7℃
2021.7.29

佐呂間
39.5℃
2019.5.26

小平 *
38.7℃
2021.8.7

紋別
37.0℃
2019.5.26

網走
37.6℃
1994.8.7

留萌
35.6℃
2021.8.1

旭川
37.9℃
2021.8.7

北見
38.1℃
2019.5.26

根室
34.0℃
2019.5.26

倶知安
34.4℃
2021.8.6
1999.8.8

札幌
36.2℃
1994.8.7

岩見沢
35.5℃
2021.7.31

帯広
38.8℃
2019.5.26

釧路
33.5℃
2022.7.31

室蘭
32.8℃
1929.8.8

浦河
31.2℃
1989.8.6

江差
34.4℃
1999.8.4

函館
33.9℃
2021.8.7

帯広・
足寄・池田
38.8℃
2019.5.26

道内TOP②

* 小平町達布

　猛暑日は、これまで道内では数年に一度のことでした。北海道で猛暑となりやすいのは、主に北海道の南東または南西に高気圧の中心があり、北に低気圧がある気圧配置です（下図）。南から高温多湿の空気が、高気圧の縁を回って北の低気圧に吸い込まれるように流れ込み、北海道には西〜南西の湿った風が吹きます。この風が大雪山系や日高山脈を越えるとフェーン現象が起こり、オホーツク海側や十勝で顕著に気温が上昇します。このような天気図になったら、熱中症や作物の高温障害に要注意です。

　近年では全国的に暑さが厳しくなっています。温暖化や都市化の影響とみられ、北海道でも夏の日平均気温が100年あたり1.17℃の割合でじわじわ上昇しています。

　夏日（最高気温25℃以上）の日数も増加傾向です。例えば札幌市では、1981〜2010年の平均はひと夏に49.1日でしたが、2011〜2021年の平均は64.5日まで増えています。同様に真夏日（最高気温30℃以上）も8.0日から12.9日に増加しています。ちなみに、気象台によると、2100年には石狩地方で真夏日が30日まで増えると試算されています。

猛暑になりやすい気圧配置

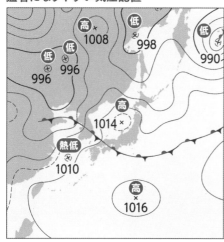

音更町、足寄町、帯広市、芽室町、
遠軽町、本別町の6カ所で猛暑日に
（2017年7月7日午前9時）
気象庁「過去の天気図」を加工して作成

北海道でも増えている熱中症

　熱中症とは、体内に熱がこもって起こる症状で、高温に加え、湿度が高く風が弱いと、汗をかきにくくなるため発症しやすくなります。

　全国の死亡者数は、台風や大雨・暴風災害、雪害をはるかに上回り、1995 〜 2020 年の年間平均 889 人。特にここ数年は 1000 人を超えており、2020 年には 1528 人が死亡しました。北海道では死者は少ないものの、熱中症による救急搬送者数は年々増えており、2021 年には 1924 人にも上りました（総務省消防庁調べ）。

　北海道で熱中症が多い原因は大きく 3 つ考えられます。

①暑くなるのが他地域より早い

　北海道は、春は遅くても夏の到来はかなり早く、桜が咲く前に夏日になったり、5 月になると、日本で一番乗りの真夏日を観測することも珍しくありません。急な暑さに体が対応できないことも多く、5 月の熱中症搬送者数が全国最多となった年もあります。

②クーラーなどの設備が十分でない

　昔は、冷涼な北海道では家にクーラーがないのが当たり前でした。しかし近年の猛暑で設置する家が増え、2021 年のウェザーニュースアプリ使用者へのアンケートによると、北海道のクーラー普及率は 42％。かなり普及が進んでいるものの、まだ半数以上が未設置です。

③北国特有の住環境

　北海道の住宅は、高気密・高断熱の構造です。本州の建物は風通しが良いなど、夏の暑さを緩和する構造になっているのに対し、北海道では雪と寒さ対策に重点が置かれています。このため熱がこもりやすく、道内では建物内での熱中症が多くなっています。

　熱中症を防ぐには、暑さを避けることと、こまめに水分を補給すること が大切です。環境省や厚生労働省、政府広報オンラインなどでそれぞれ 情報が提供されています。「熱中症警戒アラート」もぜひ活用したいとこ ろです。

環境省「熱中症予防情報サイト」

https://www.wbgt.
env.go.jp/

環境省「熱中症警戒アラート」

https://www.wbgt.
env.go.jp/alert.php

厚生労働省「熱中症予防の
　　ための情報・資料サイト」

https://www.
mhlw.go.jp/
seisakunitsuite/
bunya/kenkou_
iryou/kenkou/
nettyuu/nettyuu_
taisaku/

政府広報オンライン
　　「熱中症は予防が大事！」

https://www.gov-
online.go.jp/useful/
article/201206/2.
html

お天気コラム 気象病

　竜巻に遭遇した人の中には、急激な気圧低下で「耳鳴りがした」と話す人がいます。台風や低気圧が近づいても、体に異変や不調をきたしたり、痛みが生じたりすることがあります。「気象病」や「天気痛」と呼ばれる疾患です。急激な気圧の変化にさらされると発病の引き金になることがあります。

　地球には重力によって、宇宙から大気が集められています。地表では 1㎡ あたり約 10 t の圧力があります。人間の平均的な体表面積が 1.7㎡ 前後なので、単純計算して、約 17 t 分の圧力を四方八方から受けていることになります。人間が押しつぶされずに生きているのは、生まれたときからの環境の中で、体全体がバランスをとっているからです。

　地上でも、気圧配置の変化によって気圧が変わり、体が受ける圧力も変わります。例えば、1020hPa の高気圧から 990hPa の低気圧に移ると、受ける圧力は約 510kg も減ります。

　ただし、その変化は、体全体で感じているわけではないようです。

　日本で初めて気象病外来を立ち上げた「天気痛ドクター」と呼ばれる愛知医科大学の佐藤純医師によると、人間が気圧の変化を察知するセンサーは、耳の奥の「内耳」にあり、急激に気圧が下がると、内耳の気圧センサーが興奮して内耳のリンパ液に波が発生します。すると、体を動かしていないにもかかわらず、まるで体が動いたり傾いたりするような情報が脳に送られてしまうのです。

　「目から入る情報」と「リンパ液が伝える情報」が違うので脳が混乱し、交感神経が興奮してめまいがしたり、痛みの神経もつられて興奮するため、古傷が痛んだり、頭痛や関節痛、持病も悪化しやすくなるといいます。事前に「めまい薬」や「酔い止め」を飲んでおくと予防になるそうなので、かかりつけ医や薬剤師に相談してみましょう。

　また、気象情報会社などから、医師や気象予報士が関わって考察された気象病（天気痛）のアプリもあります。興味がある方は試してみるのも良いでしょう。

第2章
防災情報・災害時の 身の守り方

災害の正体を知り、正しく対応

　日本列島は「災害」列島といわれます。近年は毎年のように大雨や大雪が繰り返され、地震や噴火も頻発しています。誰もが、いつ、どこで、どんな災害にあうかわかりません。そんな「もしも」に備え、被害を最小限に抑えるためには災害の正体を知り、正しく対応することが命を守ることにつながります。

　今は一般の方も、スマートフォンなどでリアルタイムの気象情報を簡単に見られるようになりました。平時からそのような情報に触れ、天気を予測する習慣をつけることが、一番の防災力だと思います。

　例えば、大雨の予報が出ていなくても、気象情報を見ながら、新しい積乱雲ができた！とか、線状降水帯の発生で集中豪雨が長引くかもしれない、などと気づけるようになれば、状況の深刻さが把握でき、迅速な対策への行動力につながりそうです。

　そして事前に十分備えをしておくことも大切です。

　ハザードマップの確認、避難場所の確認や避難する際の家族間の取り決め、防災グッズの準備、水や食料の備蓄など、もしものときに備えて普段から心がけておきましょう。

防災気象情報

気象や防災の情報

特別警報

　2013 年 8 月、新しい防災情報が生まれました。「特別警報」です。従来の警報の発表基準を大きく超える豪雨や大津波などが予想され、重大な危険が差し迫るときに発表されます。最大級の警戒を呼びかけているので、身を守るために最善を尽くしてください。

　特別警報は「大雨」「暴風」「暴風雪」「大雪」「高潮」「波浪」「津波」「火山噴火」「地震動」の 9 つの現象について発表されます。ただし、津波、火山噴火、地震動については、従来の大津波警報、噴火警報（居住地域）、緊急地震速報の震度 6 弱以上が、特別警報に位置付けられています。

　特別警報が発表されると、全国瞬時警報システム（J アラート）が立ち上がり、防災行政無線やコミュニティ FM が自動起動され、気象庁や市町村からのエリアメールなども自動配信されます。

> 特別警報の情報を受け取ったら、すぐに命を守る行動をとらなければならないことを忘れないでください

災害の危険度のレベル

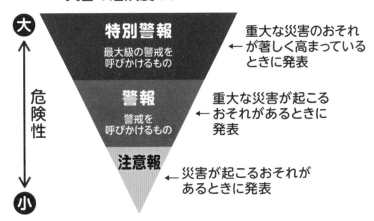

危険性　大 → 小

特別警報
最大級の警戒を
呼びかけるもの
← 重大な災害のおそれが著しく高まっているときに発表

警報
警戒を
呼びかけるもの
← 重大な災害が起こるおそれがあるときに発表

注意報
← 災害が起こるおそれがあるときに発表

緊急地震速報

　地震発生直後に各地の揺れの到着時刻や震度を予測し、可能な限り素早く知らせる情報です。情報を知ってから強い揺れがくるまで、数秒から数十秒しかないため、短時間のうちに身を守る行動をとる必要があります。「地震への備え・もしものときの行動」（☞ P152）を参考に、周囲の状況に応じて、慌てずに身の安全を確保してください。

警報・注意報と警戒レベル

　従来の防災情報がわかりにくかったことへの反省をふまえ、2019年から新しく「警戒レベル」の運用が始まっています。災害のおそれがあるとき、各市町村や気象庁から発表される防災情報に対し、住民がとるべき行動を5段階に分けて、直感的に理解しやすくしています。

　以下、大雨に関する気象庁の防災情報を例に、見ていきましょう。
　大雨予報によって災害発生のおそれが出てくると、最初に出されるのが「大雨注意報」です（警戒レベル2）。おおむね半日前から数時間前に出されます。

重大な災害が心配されると、「大雨警報」にランクアップします（警戒レベル 3）。大雨警報には、何に警戒すべきかにより「土砂災害」と「浸水害」の 2 種類があり、アナウンサーなどは「大雨警報が発表されました」に続けて「土砂災害に警戒してください」または「低い土地の浸水に警戒してください」と、コメントを使い分けています。

　高齢者や避難に時間がかかる人などは避難を開始すべき状況です。

　さらに大雨によって地盤が緩み、土砂災害の危険度が高まると「土砂災害警戒情報」が出されます（警戒レベル 4）。発表基準は土壌の水分量なので、雨がやんでから発表されることがあります。

　2021 年からは、「顕著な大雨に関する情報」の提供が始まりました。線状降水帯が発生し、危険な大雨が数時間以上続くと予想されたときに発表されます。これも警戒レベル 4 以上に相当する状況です。

　また、その地域においてまれにしか発生しない短時間の大雨を観測した際には、「記録的短時間大雨情報」が発表されます。これは予報ではなく実際の観測雨量であり、災害発生のリスクが高まっていることを知らせるものです。

自ら避難の判断を！

そして、さらにリスクが増し、数十年に一度レベルの大雨になると「大雨特別警報」に切り替わります（警戒レベル5）。これまで多くの人が経験したことのない非常に危険な状態を指します。

大雨特別警報は洪水や土砂災害の発生を知らせる情報ではありませんが、すでに災害が発生している可能性の高い情報なのです。

ですから、特別警報が出ると、コメントでも「避難をしてください」とは言えなくなります。外に出て移動することで、かえって危険を伴う事態に陥るかもしれないからです。本来は、すでに安全な避難場所へ移動が終わった後で耳にするべき情報なのです。段階的に発表される情報に注意して、「早め、早め」の行動が大切です。

警戒レベルと住民が取るべき行動、防災気象情報

警戒レベル	住民が取るべき行動	住民が自ら避難の判断をする際に参考になる情報（防災気象情報）	行政から住民に行動を促す情報
5	既に災害が発生、直ちに安全確保。命を守る最善の行動を	氾濫発生情報、大雨特別警報、キキクル（危険度分布）「災害切迫（黒）」	緊急安全確保
警戒レベル4までに必ず避難！			
4	災害が発生するおそれが極めて高く、危険な場所から緊急避難する。または避難を完了する	氾濫危険情報、土砂災害警戒情報、キキクル（危険度分布）「危険（紫）」	避難指示
3	高齢者などは避難。高齢者や障がい者などの避難を支援する人も準備を進め、自主避難開始	氾濫警戒情報、大雨警報、洪水警報、キキクル（危険度分布）「警戒（赤）」	高齢者等避難
2	避難の準備を進め、ハザードマップ、避難先やルート、非常持ち出し品の確認を	氾濫注意情報、大雨注意報、洪水注意報、キキクル（危険度分布）「注意（黄）」	
1	災害への心構えを高める。情報収集なども	早期注意情報	

　ハザードマップとは、自然災害が予測される区域、避難場所、避難経路などを示した防災地図で、地震・津波、洪水、土砂災害、火山噴火の災害ごとに作られています。各市町村が作成して配布しているほか、インターネットで見ることもできます。

国土交通省
「ハザードマップポータルサイト」

https://
disaportal.gsi.
go.jp/

出典：国土交通省
　　　「ハザードマップポータル
　　　サイト～身のまわりの災害
　　　リスクを調べる～」より

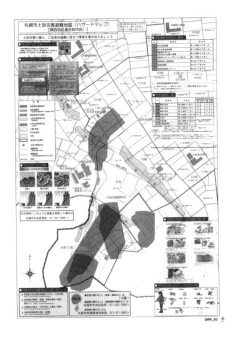

札幌市の災害危険箇所図
（ハザードマップ）「地震」「浸水」
　　　　　　　　「土砂災害」「津波」

https://www.city.
sapporo.jp/kikikanri/
higoro/hazardmap/
hazardmap_index.
html

出典：札幌市「災害危険箇所図
　　　（ハザードマップ）／
　　　土砂災害避難地図」

　災害が起こったら、災害の情報を調べ、より正しい情報を得て判断しましょう。そして、安全な場所に移動します。

　日頃から、信頼できるサイトなどをチェックしておくと、デマなどの情報に惑わされにくくなります。情報が確認しやすいウェブサイトや、アプリもあります。もしものために、事前にインストールしておくと良いでしょう。

　次のページのほか、Twitterで総務省消防庁や首相官邸の災害情報、ウェザーニュース、日本気象協会などのアカウントをフォローして、情報を得ることもできます。

〔気象庁・国土交通省〕

国土交通省「川の防災情報」

https://www.river.
go.jp/

気象庁「あなたの街の防災情報」

https://www.jma.
go.jp/bosai/

気象庁「ナウキャスト
　　　（雨雲の動き・雷・竜巻）」

https://www.jma.
go.jp/bosai/nowc

〔北海道防災情報〕

「北海道土砂災害警戒情報
システム」

https://www.njwa.
jp/hokkaido-sabou/

「北海道防災情報メール
（登録画面）」

https://mail.
bousai-hokkaido.jp/

「北海道防災ポータル」

https://www.
bousai-hokkaido.jp/

〔道路情報〕

日本道路交通情報センター
　　　「道路交通情報 Now!!」

https://www.jartic.
or.jp/

国土交通省北海道開発局
　　　「北海道地区道路情報」

https://info-road.
hdb.hkd.mlit.go.jp/
RoadInfo/index.htm

寒地土木研究所「北の道ナビ」

http://northern-
road.jp/navi/

身近に迫る危険を一目で確認「キキクル」（大雨・洪水警報の危険度分布）

　気象庁「キキクル」では、大雨災害の発生危険度を地図上でリアルタイムで確認でき、自主避難を促す目的があります。1～3時間先までの「土砂災害」「浸水害」「洪水害」の発生危険度が一目でわかります。

　キキクルでは、雨による災害の危険度を5段階で色分けして地図上にリアルタイムで表示します。気象庁ウェブサイトでキキクルを選択すると、日本地図が表示され、画面上部の「土砂災害」「浸水害」「洪水害」のボタンを押すと、各災害の危険度がマップ上に色別で確認できます。危険度をスマートフォンに通知するサービスもあります。※気象庁ではなく協力事業者が行っています。詳しくは https://www.jma.go.jp/jma/kishou/know/bosai/ame_push.html を確認のこと。

> 　キキクルの「紫（危険）」は、「警戒レベル4（避難指示）」に相当します（☞P144）。周りや近くの川などの表示が紫色になったら、自ら避難の決断をするレベルです。この色が出ている間に安全な場所への避難を完了することが重要です。
>
> 　そしてレベル「黒（災害切迫）」は、すでに災害が発生しているおそれがあります。命が危険にさらされて、もはや避難できない状況にある可能性が高いです。
>
> 〈注〉危険度分布に限らず、自治体からの避難指示などが出た場合は、すみやかに避難行動をとってください。

黒　災害切迫
紫　危険
赤　警戒
黄　注意

キキクルの「大雨警報（土砂災害）の危険度分布」をイメージ

気象庁「キキクル」

http://www.jma.go.jp/bosai/risk/

北海道防災ポータル

　北海道の「北海道防災ポータル」は自治体や気象台、開発局などと連携し、各機関の災害情報が瞬時にサイト上に反映されます。雨や風などの気象警報と注意報のほか、地震、津波、噴火の警報や避難所の開設状況なども含めて一覧化されています。災害の危険度などが市町村別に地図上で色分けされ、避難の必要性などが一目でわかります。

　サイトに表示される各種の警報などは、事前に登録しておけば北海道防災情報メールとして、受信できます。自分が必要な情報だけを受け取れ、例えば地震だと「震度〇以上」、河川水位は「氾濫注意水位以上」などと内容を細かく設定でき、変更もできます。多言語にも対応し、英語や中国語など14カ国語から選べます。

北海道防災ポータル

https://www.bousai-
hokkaido.jp/

デマ情報に注意

　洪水や地震などの災害が起きたとき、SNSなどのインターネット上にはたくさんの情報が飛び交います。デマ情報は、ネット上でまたたく間に拡散されます。こうした情報に触れると、誤った判断や不要な混乱が生じてしまいます。

　日ごろから、公的機関やマスコミなど信頼できるサイトをチェックし、情報収集の準備をしておくと、いざというときにデマに惑わされず、判断するときの役に立ちます。

　知り得た情報は、信用できる情報なのかを家族などと確認し合いましょう。そして、自らがデマの発信者とならないよう、不確かな情報を不用意に拡散しないようにしましょう。

最近の北海道の大災害

災害はいつ起きるかわかりません。過去20年でもこれだけの大きな災害があり、たくさんの被害が出ています。過去の災害に学び、災害から命を守るために、必要な知識を学び、備えをしておきましょう。

2000 年以降に北海道で起きた大きな災害

	災害 （発生年月日）	被害状況
風水害	平成 15 年 台風 10 号 （2003 年 8 月）	日高地方を中心とした豪雨。死者 10 人、行方不明者 1 人、住家全壊 18 棟、半壊 13 棟
	平成 16 年 台風 18 号 （2004 年 9 月 8 日）	台風 18 号の影響により、広範囲で暴風が吹き荒れた。札幌で最大瞬間風速 50.2m/s など、全道各地で暴風を記録。死者 9 人、負傷者 473 人、住家全半壊 445 棟
	佐呂間町で 発生した竜巻 （2006 年 11 月）	突風による住家損壊や人的被害が発生。死者 9 人、重傷者 6 人、軽傷者 25 人、住家全壊 7 棟、半壊 7 棟
	平成 28 年 8 月 北海道豪雨災害 （2016 年 8 月）	8 月に北海道へ 5 つの台風が接近、上陸し、道内各地で記録的な大雨に。各地で河川の氾濫や土砂災害が発生。日勝峠など国道 274 号沿いでは広範囲で道路や橋が崩落。復旧までに約 1 年 2 カ月。死者 4 人、行方不明者 2 人。全道各地で収穫前の農作物に甚大な被害が及んだ
雪害	北見豪雪 （2004 年 1 月）	オホーツク海側での猛吹雪。北見地方では記録的な大雪、死者 1 人、重傷者 3 人、軽傷者 8 人
	平成 18 年豪雪 （2005 年 12 月〜 2006 年 2 月）	日本海側での記録的な大雪。死者 18 人、負傷者 402 人、住家全壊 1 棟

雪害	空知地方の雪害 （2011 年 1 月）	死者 3 人、重傷者 18 人、軽傷者 35 人、住家一部損壊 25 棟
	暴風雪 （2013 年 3 月）	猛吹雪によりオホーツク、根室管内を中心に被害。死者 9 人、負傷者 13 人、住家半壊 2 棟
	暴風雪 （2022 年 2 月）	猛吹雪により、全道各地で多重衝突事故や立ち往生などの被害。北斗市の函館・江差自動車道では事故車両 107 台、立ち往生 71 台、死者 1 人
地震・津波	十勝沖地震 （2003 年 9 月 26 日）	襟裳岬沖でマグニチュード 8.0 の地震が発生。新冠町、静内町（当時）などで震度 6 弱、帯広市、釧路市で震度 5 強などを記録。 死者 1 人、行方不明者 1 人、重傷者 68 人、軽傷者 779 人、住家全半壊 484 棟、コンビナートタンク火災
	東日本大震災 （2011 年 3 月 11 日）	三陸沖を震源とするマグニチュード 9.0 の地震が発生。道内太平洋沿岸でも津波を観測。この地震、津波による道内の死者は 1 人、軽傷者 3 人、床上浸水 329 棟、床下浸水 545 棟、住家半壊 4 棟、一部損壊 7 棟
	北海道 胆振東部地震 （2018 年 9 月 6 日）	午前 3 時 7 分、胆振地方中東部を震源とするマグニチュード 6.7 の地震が発生。厚真町で震度 7、安平町、むかわ町で震度 6 強、札幌市東区、千歳市で震度 6 弱など広範囲で大きな揺れを観測。この影響で、直後から全域停電（ブラックアウト）となり、復旧後も節電が呼びかけられた。死者 44 人、負傷者 782 人、住家全半壊 2129 棟、44 市町村で断水
噴火	有珠山噴火 （2000 年 3 月 28 日）	28 日未明から火山性の有感地震が発生。有珠山周辺の伊達市、壮瞥町、虻田町（当時）で住民が避難。31 日にはマグマ水蒸気噴火が発生し、4 月に入り複数の火口から熱泥流も発生。鉄道や道路、上下水道などライフラインの停止、850 戸の家屋に被害。12000 人以上の住民が事前に避難

出典：北海道の自然災害と教訓データベースおよび
　　　平成 30 年北海道胆振東部地震災害検証報告書等より

地震への備え・もしものときの行動

　いつやってくるかわからないからこそ、普段からの意識と備えが大切です。突然、グラッときても、慌てずにできるだけ落ち着いて行動しましょう。まずは、身の安全を確保します。火を消したり、荷物を持ち出すのは、揺れがおさまってからです。

家の中の安全ゾーンを確保

　日頃から、家の中のどこなら安全なのかを確認しておきましょう。家具やテレビは地震などもしものときには凶器となって私たちを襲います。特に寝室は、窓ガラスや照明、テレビやタンスなどによる危険がないように、レイアウトの工夫や、固定をしておきましょう。

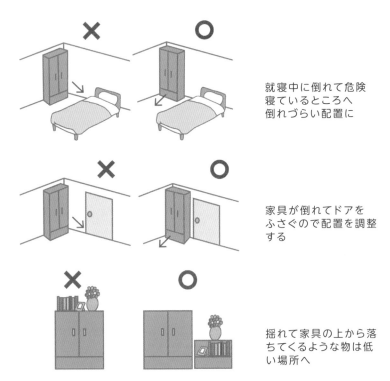

就寝中に倒れて危険
寝ているところへ
倒れづらい配置に

家具が倒れてドアを
ふさぐので配置を調整
する

揺れて家具の上から落
ちてくるような物は低
い場所へ

専用の器具を使って
家具を固定する

建物の耐震性を確認しておく

　建築基準法の耐震設計が改正される前に建てられた1981年以前の建造物は要注意です。札幌市では、1981年5月以前に建てられた木造住宅に対して、耐震診断を全額負担しているほか、耐震改修工事に補助制度もあります。お住まいの自治体の制度を確認してみましょう。

　また、事前に家族で災害時の安全な避難場所を確認しておくことも大切です。

揺れたら頭を保護する

　もし揺れを感じたら、すぐに身の安全を確保します。

　家にいる場合は、座布団やクッションで頭を保護し、頑丈な机の下などに。余裕があれば、ドアや窓を開けて、出口の確保を。揺れているときに台所のコンロの火を止めに行くのは、かえって危険です。揺れがおさまってから消火行動をとりましょう。

　逃げる際はブレーカーを落とし、ガスの元栓を締めます。ヘルメットや帽子をかぶり、靴底の頑丈なものを履いて頭や足元のけがを防ぎましょう。

クッションなどで頭を守る

外出先では

映画館やデパートなど人が集まる場所にいる場合は、出入り口や階段に人が殺到するおそれがありますので、落ち着くこと。ショーウィンドーや陳列棚からはすばやく離れます。かばんや衣類で頭を保護し、劇場などであれば、座席の前の通路などに身をひそめること。地下街や地下鉄にいた場合は、壁や太い柱に身を寄せて。エレベーターではすべての階のボタンを押して、止まったらすぐ降ります。

揺れがおさまってから避難。
慌てて逃げ出さないこと

揺れがおさまったら、係員の指示に従って避難してください。停電になっても、すぐに非常灯がつきます。

もし火災が発生したら、できるだけ低い姿勢をとり、煙を吸い込まないようハンカチなどを口と鼻に当てて避難してください。周りが見えなくても、片手で壁を伝いながら歩けば、必ず非常口にたどり着きます。

外部に通じる階段は、たいてい 60 m 間隔で設置されています。

屋外にいた場合は、すばやく周囲を見て、ブロック塀、自動販売機、電柱など倒れる可能性があるものから離れること。上方も確認し、屋根瓦、看板、切れた電線など落下物にも注意しましょう。広く開けた公園や広場、田畑が比較的安全です。

頭を守るものをかぶる。
かばんなどでもガードできる

　車に乗っている場合、震度4でハンドルを取られ、震度5になると運転が困難になります。地震に気付いたら、後方からの追突に気を付けながら少しずつスピードを落とし、交差点を避けて道路の左側に停めましょう。

　海や川の近くにいる場合、津波の危険があります。情報を待たずに、すぐに高いところに避難してください。津波は川もさかのぼりますので、川からも離れてください。

災害時の連絡方法は？

　災害が発生すると電話が殺到し、被災地では回線が混雑しつながりにくくなります。こうした災害時に開設されるのが、「災害用伝言ダイヤル」です。家族や職場、友人との安否確認の手段をあらかじめ決めておきましょう。複数の連絡手段を用意しておくことも大事です。携帯会社による「災害用伝言板」も利用すると良いでしょう。

● 災害用伝言ダイヤル（171）

1 7 1 をプッシュ

伝言を残す	伝言を聞く
1をプッシュ	**2**をプッシュ
↓	↓

連絡を取りたい人の電話番号を入力
↓
伝言を録音する	伝言を聞く

● 災害用伝言板（Web171）
パソコンやスマートフォンでサイトにアクセスする

・ＮＴＴ東日本・
　ＮＴＴ西日本（Web171）
・ＫＤＤＩ（au）
・ソフトバンク
・ワイモバイル　にて提供

　地震発生直後からの大まかな流れを知っておくと、慌てずに取るべき行動ができます。表を見ながらイメージしてみましょう。

地震発生後のタイムスケジュール

地震発生 0〜2分	命を守る時間帯	テーブルの下にもぐるなど、落下物から頭を守る。固定していない家具から離れる。調理中であれば台所から離れる。外にいるときは、かばんなどで頭を守る
2〜5分	二次災害を防ぐ時間帯	揺れがおさまったら火の始末。余震に備えてドアを開けるなど出口の確保。ガラスの破片などでけがをしないように靴を履く。沿岸部では津波に備え、高台に避難
5〜10分	安全確保の時間帯	家族の安否確認。災害時伝言ダイヤルも活用。家屋の被害状況を確認し、余震で被害拡大のおそれがあれば、避難の準備。テレビ・ラジオ・スマホなどで情報収集
10分から半日	まちを守る時間帯	隣近所で生き埋めになっている人がいないか、火災が起きていないか、声をかけ合って確認。生き埋めやけが人がいれば協力し合って救出救護。 災害時要配慮者（ご高齢の方、障害を抱える方、子どもなど）の安否確認。 安全な場所へ避難誘導
半日〜3日	生活を守る時間帯	電気、水道などのライフラインをはじめ食料の流通などが途絶えるため、3日間程度は自宅にある飲料水、食糧などでしのぐ。隣近所で食材を持ち寄って炊き出しをする
3日以降	復旧・復興へ	防災機関の応急、復旧活動が本格化。ボランティアが被災地に入るなど支援が動き始める。住民、ボランティア、行政などが一体となり、復旧・復興への歩みを進める

災害訓練——北海道シェイクアウト

「シェイクアウト」とは、2008年にアメリカのカリフォルニアで始まった新しい形の訓練です。地震が発生したという想定のもと、約1分間、DROP（低く）、COVER（頭を守る）、HOLD-ON（動かない）の3つの安全行動を実施します。

提供：効果的な防災訓練と防災啓発提唱会議 http://www.shakeout.jp/

北海道では2012年から始まり、基本的に9月1日の防災の日に行っています。これまでに約90万人以上（2022年）が参加しており、年ごとに参加者は増えています。災害時はパニックになりやすいため、日頃からこのような訓練に参加し、安全行動を身につけておくことが大事です。

実際に地震の揺れを体験できる施設もあります（札幌市民防災センター、千歳市防災学習交流センター、釧路市民防災センター、伊達市防災センターなど）。

緊急地震速報の活用

緊急地震速報も活用しましょう。地震の発生直後に、各地の揺れの到達時刻や震度の予想を素早く知ることができます。テレビ、ラジオ、スマートフォン、防災無線から緊急地震速報のアラーム音が聞こえたら、「まもなく震度4以上の揺れがくる」と心構えをしてください。身を守ったり、車のスピードを落として道路わきに止めたり、工場などなら機械制御を行うなどの対応が必要になります。

※イラストはイメージ

津波への備え・もしものときの行動

　お住まいの地域のハザードマップを入手し、自宅や家族それぞれの職場・学校について、標高や海からの距離と、避難場所への経路を確認しておきましょう。冬季の避難についても想定しながら、実際に避難経路を歩いて移動時間を計ったり、周りの様子を見ておくことも大切です。家族みんなで災害時の避難場所を確認しておきましょう。

　自治体ではパンフレットの配布やウェブサイトへの掲載などをしていますので、参考にすると良いでしょう。

「石狩市地区防災ガイド」（表紙・左）とハザードマップ（津波・洪水）

出典：石狩市総務部危機対策課

地震が発生したら、まず身を守る行動を取ります（☞ P153）。強い揺れのときや、ゆっくりと長く続く揺れのときは、津波発生の可能性が高いので、すぐに避難行動を始めてください。

　また、「揺れなくても大津波が発生する」ことがあります。遠く離れた海外で起こった地震でも被害がもたらされることもあり、沿岸の噴火や土砂災害でも、津波が発生することがあるのです。地震がなくても、津波注意報・警報が出た際は、ただちに高台や高い建物などの安全な場所に避難してください。

津波標識について

　津波が来る危険のある津波危険地帯には「津波注意」の標識が設置されています。そのほかに、津波の際の安全な避難場所を示す「津波避難場所」、頑丈で高い建物を津波が発生したときの一時避難場所とする「津波避難ビル」を伝える標識もあります。

　海岸の近くにいる場合は、万が一に備え、事前に下の津波標識を確認しておきましょう。

津波注意

津波避難場所

津波避難ビル

津波は普通の高波と違って、飲み込まれたら最後、二度と浮き上がれないことがほとんどです。普通の波は風によって海の表面だけが波立ちますが、津波は海底にかけて海全体の運動なので、エネルギーが膨大です。破壊力が大きく、50cmの津波でも大人が立っていることはできません。また、津波は何度も押し寄せてきて、第2波以降のほうが高くなることもあります。さらに、岬や湾の奥に入るほどエネルギーが集中するため、そのような地形では周囲の海より何倍もの高さの津波になることがあります。

　1993年北海道南西沖地震では、奥尻島を最大で高さ30mの津波が襲い、死者・行方不明者は230人。地震の揺れよりも、津波で命を落とした人のほうが圧倒的に多かったのです。当時、津波は海面を盛り上げて、先端を壁のように押し立て、陸へ突進したといいます。漁港も道路も町もあっという間に飲み込まれてしまいました。

津波の高さと被害・注意点

津波の高さ	被害	注意点
2m	木造家屋が全壊	より高く、より海岸線から離れたところに避難する
50cm〜1m	車が流される	
50cm	大人が流される	海には入らず海岸から離れる
30cm	大人が歩けなくなる	

津波のスピードは、水深10mだと時速36km。短距離のオリンピック選手が走る速度です。当然、走って逃げることは不可能です。水深が深くなるほどさらに速くなります（下図）。

津波のスピード

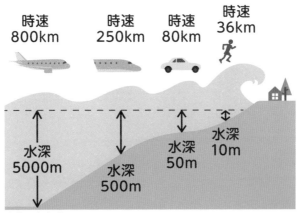

出典：気象庁

急いで、より高いところへ

　「津波てんでんこ」とは、津波が来たら、自分の命を守るために各自、真っ先に高台に向かって逃げなさいという教訓です。「てんでんこ」とは「てんでばらばらに」という意味。過去に何度も被害を受けてきた、三陸地方沿岸部に伝わる言葉です。

　現在は、スマートフォンや防災メールの普及などで、「今、何が起こっているか」という情報は得られやすくなりましたが、それでも、聞いてから避難したのでは間に合いません。海岸からより遠くへではなく、より高いところへ。さらに津波は川もさかのぼるので、川からも離れなくてはいけません。

　津波は第2波、第3波と繰り返し襲ってきます。避難した後も、警報・注意報が解除されるまでは、自宅に戻らないようにしましょう。

浸水・冠水への備え・もしものときの行動

　住宅浸水、田畑、道路の冠水被害が、毎年道内のどこかで発生しています。「自分は大丈夫」と思わずに、まずはハザードマップで確認を。また、出かけた先で被災する可能性もあります。もしものときの対処法をおさえておきましょう。

　注意報や警報が出ていたり、悪天候のときは、無理な外出はせず、自宅で待機しながら天気予報に注目しましょう。天気図から今後の推移を予測したり、ナウキャスト（☞ P147）で刻々と変化する天気をリアルタイムで確認しておくと、早めに避難行動をとることができます。

家にいたら

① ブレーカーを落とす

　　浸水が始まったら、すでに停電になっている場合でも、すぐにブレーカーを落とします。その際、感電しないように棒などを使いましょう。洪水で電化製品が濡れたままで通電すると、感電や火災を引き起こす原因となります。

② ひざ下まで浸水する前に避難する

　　徒歩による避難が可能なのは、ひざ下ぐらいまでです。水の流れが速いときは、それ以下でも足を取られてしまいます。また、道路ではマンホールのふたが外れて浮いていたり、側溝が開いていたりと、水の中にも危険が潜んでいます。道路を覆う水は一見浅く見えることも忘れずに。水が濁っている場合は、傘や長い棒などで、探りながら慎重に進みましょう。

危険を感じたら迷わず避難

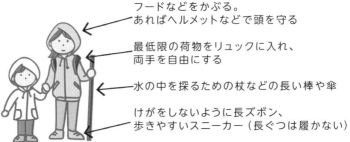

フードなどをかぶる。
あればヘルメットなどで頭を守る

最低限の荷物をリュックに入れ、
両手を自由にする

水の中を探るための杖などの長い棒や傘

けがをしないように長ズボン、
歩きやすいスニーカー（長ぐつは履かない）

・避難の判断は水の深さがひざ下まで
（流れの速い場所は避ける）

・可能な限り冠水した場所を避ける

・マンホールや側溝、
足にぶつかるような物がないか、
傘などで確かめながら進む

③ひざ下まで浸水してしまったら

　無理に屋外へ避難せず、2階以上の高さのある場所で救助を待つようにしてください。大事なのは避難のタイミングです。行政の呼び掛けに従い、早めに避難や移動を終えましょう。遅れたら外に出ず、頑丈な建物の上の階で救助を待ってください。

NG ✕

・水がひざ下になったら、避難は危険。
流れが速いときは水深20cmで歩行
不可能になる場合も

・避難が難しいときは自宅や
頑丈な建物の高い階に避難

・土砂災害も想定し、
山側の部屋は避ける

1階より
2階へ

可能な限り高層階へ

　車での移動中や避難中に水に浸かり始めたら、一刻も早く脱出してください。つい、慌てて車を使いたくなりますが、それは危険です。車は重たいから流されないだろうと思うのは大きな間違いです。タイヤが完全に水没すると車が浮き始めることもあり、ハンドルが効かなくなり、深いところまで流されてしまいます。また、ドアは半分ぐらい浸かると外からの水圧で開かなくなります。一刻も早く車外に避難しましょう。

水深30cm	水深50cm	水深1m
床面下	床面上	
車が動かなくなる	ドアが開かなくなる	車が浮いて流される
マフラー（排気口）から水が入ると、エンジンが停止して車が動かなくなる	水圧でドアを開けられなくなり、車内に閉じ込められる。窓ガラスを割り、脱出する	非常に危険な状態。近年、死亡事故が多発

こうなる前に浸水域に入らず、必ず迂回する

浸水、冠水後の注意点

　路面が冠水すると、下水道が逆流している可能性があります。細菌やカビなどが繁殖しやすくなり、食中毒や感染症のおそれがあります。

　浸水・冠水被害直後の水道水は、トイレを流す以外には使用しないこと。そして消毒が終わるまでは、飲み水はもちろん、掃除にも使わないように徹底してください。

　泥などを処理するときは、マスク、ゴム手袋を使い、こまめにうがい、手洗い、消毒をしましょう。また、長袖・長ズボン、長靴などを着用し、タオルや帽子で頭を覆うなど、なるべく肌の露出を避けましょう。

地下にいたら

　災害時に地下が安全といわれるのは、暴風や地震のとき。極端な大雨のときは、逆に最も危険な場所に豹変します。大雨警報が出ていたり、浸水の危険があるときは、無理に外出しないことです。アンダーパスや地下通路も危険です。

　特に、地下機能が発達している都市部では、アスファルトやコンクリートに覆われて雨水が吸収されず、あふれた雨水は重力に従って、地下施設や道路が低くなっているアンダーパスなどの低い方へ向かって流れ込んできます。札幌は地下が発達している都市。もしも、排水能力を超える大雨が降ってしまったら――。地下の浸水リスクを頭に置いておきましょう。

　まず、浸水すると電灯が切れます。地下は窓がなく、昼でも真っ暗。エレベーターも使えなくなります。そして地下には階段から水が流れてきます。水深30cmの流水量で、大人でも階段を使って避難することができなくなります。40cm以上浸水すると、水圧でドアが開かなくなり、閉じ込められる危険性があるのです。

敷地が道路より低い場所は
排水しきれず浸水の危険性大

水浸30cm以上

地上の水かさが増すと
一気に流れ込んでくる。
流れ落ちる水量が多くなると
階段を上れなくなる

水浸40cm以上

水圧

水圧でドアが開かなくなり
脱出が困難に

強風・台風への備え・もしものときの行動

強風のとき

　平均風速10m以上、最大瞬間風速20m以上になると、交通機関やレジャーに影響が出ます。安全のために多くの規制基準値があり、鉄道は運転見合わせや徐行運転、高速道路は通行止めや速度制限が実

施されます。ゴンドラやリフト、観覧車なども強風で停止されます。風速10mを超えるような場合は、運行情報に注意しましょう。

□鉄道

　沿線で強風が発生すると、運転見合わせや徐行運転になります。強風で走行中の車両の脱線や転覆を避けるためです。多くの鉄道で、最大瞬間風速20mで速度規制、25〜30mで運転中止となります。

□高速道路

　強風で安全な走行ができないと判断すると、通行止め、流入・流出制限、速度規制などが実施されます。多くの場合、最大瞬間風速15mで流入制限や速度規制になり、20mで通行禁止です。

□スキー場のゴンドラ・リフト

　それぞれのスキー場で基準値がありますが、多くは最大瞬間風速10〜20mで減速運転、18〜25mで自動停止の措置をとります。

□レジャー

　さっぽろテレビ塔は気象観測塔にもなっていて、高度30mと90m（展望台付近）に風向風速計が設置されています。風速約15mになると、エレベーターの運転が中止されます。すすきのの商業施設ノルベサの観覧車「ノリア」なども、最大瞬間風速約15m以上が中止基準です。

台風のとき

　洪水・土砂災害の危険がある地域では、「高齢者等避難」や「避難指示」が発表されたら、すぐに避難を開始してください。まだ発表されていなくても、危ないと感じたら自主的に避難しましょう。

早めの避難行動を心がけて

　北海道は、国内で一番最後に台風が来ることが多く、早くから備えができるというメリットがあります。「北海道まで来ないのでは」と思うより、「来るかもしれない」という心構えが、まずは一番の備えです。

●発生時

　海上では台風が遠くにあっても影響が出ます。「うねり」が入り始め、波が高くなってくるので、漁業・港湾関係の方は、状況次第で船を港に上げるなどの対策が必要です。不漁時は、漁獲量挽回のため無理に漁に出て被害にあう事例もありますが、くれぐれも無理をしないように。

　また、一般の方はフェリーの欠航など、交通情報のチェックを忘れずに。

●接近時

　風・雨対策はできるだけ早めに。荒れてから外に出るのは危険です。北海道では雨戸がない家も多く、窓ガラスや建物を暴風から守る対策が万全ではないのです。対策がとられている本州では何ごともなかった台風が、弱まっているにもかかわらず、北海道で被害を発生させることも珍しくありません。

　数日前から強風や台風接近のニュースが流れることが多いので、事前に以下のチェックをしておくと良いでしょう。

□暴風対策　飛ばされやすいもの（植木鉢、物干し竿、自転車など）を固定したり、建物内へ移動する。

□大雨対策　雨どいや排水溝が落ち葉などで詰まっていないか確認。雨水の通り道を確保しておく。

□浸水対策　河川のそばなど、低い土地に住んでいて浸水の危険がある場合は、ハザードマップなどで避難経路を確認。濡れると困るものは2階へ。場合によっては、車も高台に移動。

□高潮対策　満潮時刻の確認。特に満月・新月の大潮に重なる時期はいっそうの警戒が必要。ただし、それ以外でも過去に被害は発生しているので、油断しないこと。

□停電対策　暴風のほか、海からの塩分が電線に付着し、ショートを引き起こして停電につながることも。懐中電灯やラジオの装備のほか、スマホもフル充電。寒い季節には、電気を必要としない暖房や、防寒装備も準備。

□断水対策　断水の場合は、水道の復旧に
数日を要するため、ペットボト
ルなどで水の準備を。飲料水
は1日あたり1人3リットル。
トイレの排水など生活用水は、
浴槽に水を張っておくとよい。

● 通過中

　通過中は屋内にいること。雨戸やカーテンを閉めて、窓からできるだ
け離れて過ごしましょう。落雷や竜巻が発生することも考えられます。雨
や風が弱まったように見えても、様子を見に行ってはいけません。増水し
た川や高波を見に行き、転落や波に飲まれるなどの事故が多発しています。

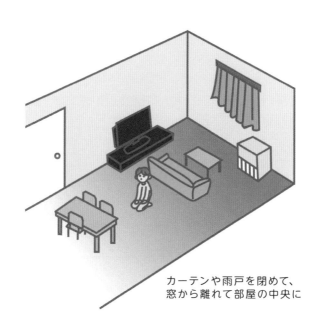

カーテンや雨戸を閉めて、
窓から離れて部屋の中央に

● 通過後

　「吹き返し」といって、いったん
風が弱まった後、向きを変えて再
び風が強まることがあります。北
海道では、台風が温帯低気圧に
変わってから暴風域が拡大し、む
しろ危険な場合が多いので、警戒
を緩めないことが大切です。

不要不急の外出は控える

　また、海や川には近づいてはい
けません。波はおさまるのに時間
がかかり、2日くらいは高波への警戒が必要です。川も、雨が上がってか
ら増水することが多いので、翌日も十分気を付けます。引き続き、洪水警
報・注意報が出ていないかに注意しましょう。

危険な場所には近づかない

河川や橋

海岸

地下

斜面や崖

雷への備え・もしものときの行動

雷の状況や直近の予測は、雷ナウキャスト（☞ P87、147）で確認できます。

（☞ P87、147）

建物の中では

雷のときは建物の中が最も安全ですが、油断できません。雷の電流は、アンテナや水道配管を伝って屋内まで入り込むおそれがあります。窓を閉めて、屋外アンテナにつながるテレビや電話から2m以上離れ、壁や柱、電化製品からも1m以上は離れて、部屋の中央にいてください。水仕事や入浴も控えましょう。

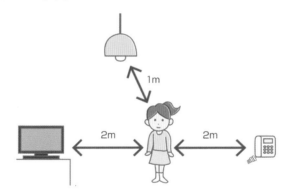

パソコンや電化製品は、落雷で瞬間的に電圧が上がり過大電流が流れる「雷サージ」によって、故障のおそれがあります。電源コードをコンセントから抜き、テレビのケーブル、インターネットのケーブルから機器を外しましょう。電源スイッチをオフにしても効果はありません。

特に、最近の家電製品は省エネ化で多くの電子機器が埋め込まれていて、少しの電圧変化でも誤作動を起こしたり故障してしまいます。最悪の場合は発火の原因にもなります。

電器店では「雷サージ対応」の電源タップが販売されていますが、万全な対策としては、家庭の分電盤に避雷器を取り付ける方法もあります。

　落雷事故の死亡者の多くは、安全な場所から 9 〜 15 m とあまり離れていないところで被害にあっています。なかには携帯電話の電波が悪かったため、ちょっと建物を出ていたときに雷に打たれた事例もあります。

　雷は土砂降りの雨を伴うことが多いのですが、木の下の雨宿りが最も危険です。高い木ほど落雷にあいやすく、木に落ちた雷は地面に流れます。もしそばに人がいると、人は水分が多いため電気を通しやすく、雷は人に飛び移ってしまいます。「側撃」という現象です。目安は 4 m 以上、木から離れることです。

①車に避難

　　たとえ車に雷が落ちても、電気は車体外の金属部を伝って流れていくので、車内に被害は及びません。

②近くに建物があれば屋内に避難

　　鉄筋コンクリートが最も安全です。木造建築でも、柱や家電製品の近くにいない限り大丈夫です。

③車も家もない場合は保護空間に避難

　　電柱や送電線の上部に張ってある架空地線を見上げる角度が 45°以内の範囲は、雷の直撃を防ぐ保護空間です。また、大木や高い木は避雷針の役目をしてくれます。近づきすぎると側撃を受けて危険ですが、適度な距離をとると安全エリアにもなります。木のてっぺんを望む角度

が45°以内の範囲で姿勢を低くして、雷がおさまるのを待ってください。
幹や枝から少なくとも4m以上は離れましょう。

保護空間（保護範囲）

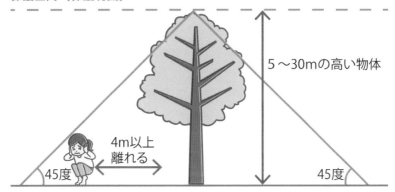

5〜30mの高い物体

4m以上
離れる

45度　　　　　　　　　　　　　　45度

④何もない場合は、体を丸めて低くする

　できれば窪地を選び、地面からの電流が流れないように両足をくっ
つけてしゃがみます。足を広げたり、寝そべるのは危険です。落雷の
おそれがある傘は、広げたり、陰に隠れるのも危険です。自転車やバ
イクも電流が流れるおそれがあり、横に倒して2m以上離れます。

　もし登山中に雷にあうと、テントも木造の小さな山小屋も安全では
なく、逃げ場がないため大変危険です。高いところや出っ張ったところ
は避け、くぼ地に1人ずつ散らばり、山の表面から突き出ないようにし
てください。激しい落雷でも1分間に1〜3回なので、次の落雷まで
は20〜30秒です。この時間が移動するチャンスになることもあります。

両手で両耳をふさぐ

頭を下げて低い姿勢をとる

両足のかかとをくっつけて、しゃがむ
（かかととひざは地面につけない）

竜巻への備え・もしものときの行動

　竜巻の状況や直近の予測は、竜巻発生確度ナウキャスト（☞ P96、147）で確認できます。

　竜巻発生の予測を知った時点で、庭やベランダを片付けましょう。いろいろなものが放置されていると「飛ぶ凶器」と化してしまいます。

　「竜巻注意情報」が発表され、雷や急な風の変化など積乱雲が近づく兆しがある場合は、外に出てはいけません。1時間以内に竜巻が発生するかもしれないので、建物に入ってください。プレハブやトレーラーハウスではなく頑丈な建物内へ、しかもできるだけ下の階、地面に近いところへ逃げます。カーテンは閉め、窓やドアからは離れます。狭くて窓のないトイレや押し入れ、浴室などはより安全です。

　そして、絶対に窓は開けないでください。「窓を開ければ家の倒壊を防げる」というのは完全な間違いです。

　2012年5月6日、茨城県つくば市内で発生した竜巻により、住居が基礎コンクリートごとひっくり返り、下敷きになって住民が死亡しました。竜巻に対してどれほどの建物強度なら安全なのかは、まだわからないのです。

屋外

頑丈な建物などに避難し身を縮めて隠れる

電柱や大きな木の倒壊に気を付ける

屋内

1階の窓のない部屋に避難する

窓やカーテンを閉めて、離れ、頑丈なテーブルなどの下で身を小さくする

お天気コラム 正常性バイアス

　災害に直面すると、人は慌ててパニックを起こすと考えられがちですが、実はそうではなく、平常心を取り戻す心理が働きます。災害心理学では「正常性バイアス」と呼ばれる、自己防衛本能の一種です。

　本来、自分の身を守るために働く心理なのですが、台風や大雨が予想され、事前に避難が必要なときも、「自分は大丈夫」「大したことはないだろう」と思い込み、避難をしない、または避難が遅れてしまうことがあるのです。

　気象災害は、地震や火山、火災などと違い、予測ができる分、事前に安全な場所に逃げることで、防ぐことができる災害です。過去に、気象災害で命を落とした人の多くが、「逃げ遅れ」です。

　私たち人間は、非常時になると、この「正常性バイアス」が働くリスクがあると理解して、防災情報（避難指示など）が出たら、緊張感をもって早めに避難することを心がけましょう。

　また、周囲の人と同じ行動をとっていれば安全だと考える「同調性バイアス」も働きます。決して「まだ誰も逃げていないから大丈夫」などと判断せず、自分の身は自分で守るものと考えてください。

　時に、避難して何事もないこともあります。そのときは、「避難して損した」と思うよりも、「何事もなくてよかった」と思ってください。

大雪・吹雪への備え・もしものときの行動

　荒天が予想されているときは、たとえ穏やかであっても、外出する前はテレビ、ラジオ、インターネット、スマートフォンなどで防災情報が出ていないかチェックしてください。災害リスクが高まると、注意報→警報→特別警報と切り替わっていきます。

雪に関する注意報・警報

　気象台は現象の発生が予想される3～6時間前を目安に、警報や注意報を発表しています。これは防災や避難に備える猶予時間を考慮しているためです。天気は急変することも多く、「こんなに晴れているのに大

雪に関する注意報・警報
大雪

種類	内容
大雪注意報	大雪により災害が発生するおそれがあると予想されたときに発表される。除雪が追い付かないほどの雪で、交通障害など、生活に影響がある場合
大雪警報	大雪のより重大な災害が発生するおそれがあると予想されたときに発表される。交通障害のほか、雪の重みで建物が倒壊するなど、重大な災害のおそれがある場合
大雪特別警報	数十年に一度の降雪量となる大雪が予想された場合に発表される *

＊過去のデータから大雪特別警報の発表基準となる積雪深が計算されており、札幌152cm、旭川145cm、函館86cm、幌加内町朱鞠内350cm（道内で最深）、浦河で45cm（道内で最少）など

風雪

種類	内容
風雪注意報	雪を伴う強風により災害が発生するおそれがあると予想されたときに発表される。吹雪や地吹雪、吹きだまりによる交通障害に注意が必要な場合
暴風雪警報	雪を伴う暴風により、重大な災害が発生するおそれがあると予想されたときに発表される。視界不良（いわゆるホワイトアウト）が起こりやすく外出は危険。交通関係のまひや停電などのおそれも。吹雪が一時的におさまる場合があるが、暴風雪警報が解除されるまでは、外出を控える
暴風雪特別警報	数十年に一度の強さの台風と同程度の温帯低気圧により、雪を伴う暴風が吹くと予想された場合に発表される

雪警報?」ということも珍しくないのです。

　特別警報が発表されたら、外出をすると身動きがとれなくなり命を落とす可能性もあります。安全な屋内に留まり、絶対に外出をしないでください。また、停電に備えて、明かりや携帯ラジオを用意しておきましょう。暴風雪が長引いた場合に備えて、水や食料の備蓄を行っておくことも大切です。

お天気コラム　真冬の地震による死者数は夏の13倍!?

　北海道は、雪も寒さも命とりになるということを忘れてはいけません。

　地震は、季節や状況に関係なく、やってきます。例えば、阪神淡路大震災が発生した日の札幌の最低気温は−10.1℃でした。

　そんなときに家屋が倒壊して建物に閉じ込められてしまうと、ライフラインがストップした中では暖を取ることもできません。すぐに助け出されないと、凍死してしまうのです。また、多くの家庭でストーブを使用しているため、火災が多発します。

　東日本大震災が発生した日の札幌の積雪は81㎝でした。屋根の雪で建物の耐震強度は弱まります。雪深い中では避難も遅れ、かつ、救急車もすぐに駆け付けることが難しくなります。消火栓も雪で埋もれてしまうと、消火活動に手間どることにもなります。

　私たち道民は、2018年に北海道胆振東部地震でブラックアウト（全域停電）を経験しました。もし、厳冬期の猛吹雪の日であれば、外は視界不良となり、避難所に向かうことがかえって命の危険につながることになります。

　なお、札幌では、見通しがきかないほどの猛吹雪がひと冬に7〜10日あります。宗谷、留萌、石狩、後志地方の沿岸部では、これをはるかに上回る日数です。

　札幌市によると、月寒断層による直下地震の想定死者数は、夏の12時だと363人ですが、真冬の午前5時だと4911人（建物に閉じ込められた人はすべて凍死するとの最悪想定）。その数は、夏の13.5倍に上ります。

　地震はいつ起こるのかわかりません。北海道の災害は、冬を想定して考える必要があるのです。

　冬に電気やガスなどのライフラインがストップすると、ストーブやボイラーが使えなくなります。大雪で道路が封鎖されたり、猛吹雪だと避難場所にも移動できず、灯油や物資の調達もできなくなります。暖がとれないと、北海道では命にかかわるので、普段から備えが必要です。

●ポータブルストーブ

　電気を使わないポータブル石油ストーブやカセットガスストーブなどを備えておきましょう。あわせて灯油やカセットボンベは多めに備蓄しておきます。ただし、一酸化炭素中毒の危険があるので、換気に注意しながら使用してください。また、マンションによっては、灯油ストーブが使えないなどの規約があるところもあるので、確認しておきましょう。

●自家発電機

　可能なら家庭用の発電機を備えておくと安心です。暖がとれるほか、照明が使え調理もできて、スマホの充電も可能です。また、車から電力をとる方法もあります。

●エマージェンシーブランケット

　エマージェンシーブランケットとは、薄くてたたむとコンパクトなアルミシートの防寒用品です。毛布や寝袋などがないときに役立ちます。家族の人数分を揃えておくといいでしょう。

●新聞紙

　新聞紙を数枚重ねて羽織
り、テープで止めると上着に
なったり、足や腰など冷える部
分に巻き付けたり、丸めて大
きなポリ袋に詰めると布団代
わりにも。工夫次第で用途が
広がります。

●ダウン素材の防寒着

　空気を蓄えるダウン素材の衣服は、発熱源で
ある肌に近い部分で着たほうが、暖を保つ効果
が上がります。屋外では肌着の上に中間着にして、
その上に防水、防風のものを着ると効果的です。

肌着＋ダウン＋パーカー
（スウェットやウィンドブ
レーカー）の順に重ねる

●非常食

　体を中からも温めるために、温かい食べ物
や飲み物が効果的です。カセットコンロも用
意しておきましょう。

カセットコンロとカセットボンベ

水や缶詰、食べ慣れたお菓子など

レトルト食品やインスタント食品

車で遭難したら

　もし、車で吹きだまりに突っ込んだり、吹雪で立ち往生したら、排気ガスの逆流による一酸化炭素中毒を防ぐために、原則エンジンを切りましょう。

　暖房のため、やむをえずエンジンをかけるときは、車のマフラーが雪に埋まらないようこまめに除雪し、積もった雪が排気口をふさがないように注意します。そして、車からなるべく離れないようにしましょう。安易に車から離れると非常に危険です。

　すぐ近くに避難できる場所があるときは、車は置いて避難します。救助の妨げにならないように、ドアのカギをかけずにキーはさした（置いた）ままで、連絡先のメモを車内に残しておきましょう。

防寒対策をして除雪をする

原則、エンジンを切る（エンジンをかけるときは窓を少し開ける）

ハザードランプを点灯する

車の排気口が雪で埋まらないように、こまめに除雪をする

車から離れない

避けるためには…

●事前に気象情報や道路情報を収集し、ゆとりのある行動を心がける
●天候が荒れそうなときは不要不急の外出は避ける
●事前に誰かに行き先を伝えておく
●移動中もラジオなどで情報を収集する
●運転中に危険を感じたら無理せずに、最寄りのコンビニや道の駅などで天候の回復を待つ

吹雪がおさまる気配がなく、避難場所や救助を求める先が近くにない場合は、消防、警察、ロードサービスに連絡して救助を待ちます。その際、ハザードランプを点灯し、停止表示板を置く、赤や黄色の布などを窓やアンテナから垂らして遭難信号の代わりにするなど、車が目立つようにしておきましょう。

　エンジンを切って待機する場合、低体温症のリスクが高まります。

　車には、防寒着、カイロ、毛布、エマージェンシーブランケットなどのほか、雪中に埋もれたときにも備えて長靴、手袋、スコップ、牽引ロープなどを常に積んでおきましょう。ガソリンなどの燃料も十分に入れておき、非常食や飲料水、簡易トイレなども備えておきましょう。

十分な燃料

毛布や防寒着、手袋、長靴、
スコップ、牽引ロープのほか、
チョコレートや羊羹、
非常食や水、簡易トイレなどを
積んでおく
（新聞紙も役に立つ ☞ P179）

ローリングストックのすすめ

　あらかじめ備蓄に適した食品を多めに買い置きし、日常的に消費しながら使った分を補っていく「ローリングストック」という方法があります。

　食べ慣れた保存食をいつもの食事に取り込むため、日常的に消費しやすく、災害時の食へのストレスも軽減できます。好みにあった使い勝手が良い食品を備蓄しておくと無駄もなく食品ロスになりません。

　おすすめの収納方法は、賞味期限が近いものから手前に配置し、順番に使っていくこと。賞味期限切れを防げますし、日時などを書いたラベルを貼ったり、ジャンル別に収納するとより管理がしやすくなります。

備える

ローリングストック
食べながら備えよう！

食べる

買い足す

備蓄の目安＝
家族の人数
×最低でも３日分

備蓄しておきたい食品

　災害発生からライフラインの復旧までに1週間以上かかるケースが多いため、農林水産省では、備蓄の目安として「家族の人数×最低3日分～7日分」を推奨しています。

　災害時はおにぎりやパンなど手軽な炭水化物に偏りがちになるので、栄養のバランスも考慮して備蓄をしましょう。

　最初の3日間は冷蔵庫の食品を食べ、4日目以降は備蓄した非常食で乗りきります。自然解凍で食べられる冷凍食品のお弁当のおかずや、フリーズドライ食品も良いでしょう。

備蓄の必需品

水	1人1日およそ3リットル程度（飲料水＋調理用水）
主食	米、切り餅、カップ麺、パックごはん、乾麺（そうめんやパスタなど）、インスタント食品
主菜	レトルト食品、缶詰
副菜	日持ちする根菜類、乾物、野菜や果汁のジュース、インスタントのみそ汁やスープ、菓子類（羊羹、チョコレート、ビスケットなど）、調味料

農林水産省
「災害時に備えた食品ストックガイド」

https://www.
maff.go.jp/j/
zyukyu/foodstock/
guidebook.html

索 引

や

ら

ま

参考文献

『気象災害の事典　日本の四季と猛威・防災』朝倉書店

『風水害と防災の事典』風水害と防災の事典編集委員会編　丸善出版

『改訂版　NHK 気象ハンドブック』NHK 放送文化研究所編　日本放送出版協会

『防災士教本』日本防災士機構

『北の天気』北海道新聞社編　北海道新聞社

『北の気象』北海道新聞社編　北海道新聞社

『連続台風　道新報道 2016　記録と防災』北海道新聞社編　北海道新聞社

『自衛隊防災 BOOK 災害時や日常生活に役立つ 100 のテクニック』マガジンハウス

『東京防災』東京都総務局総合防災部防災管理課編　東京都

『トコトンやさしい　異常気象の本』日本気象協会編　日刊工業新聞社

『異常気象はなぜ増えたのか　ゼロからわかる天気のしくみ（祥伝社新書）』祥伝社

『anan 特別編集　最新版　女性のための防災 BOOK』マガジンハウス

『最善・最強の防災グッズ完全検証』コスミック出版

『気象ブックス 028　雪と雷の世界　―雨冠の気象の科学 2―』成山堂書店

『気象科学事典』日本気象学会編　東京書籍

『生気象学の事典』日本気象学会編　朝倉書店

『保存版 新しい防災のきほん事典』朝日新聞出版

「地域防災」日本防火・防災協会

「道新ポケットブック 2019/8　慌てず、迷わず、的確に 災害に備えよう」北海道新聞社

「北海道新聞」

参考ウェブサイト

北海道防災ポータル
https://www.bousai-hokkaido.jp/

気象庁
https://www.jma.go.jp/jma/index.html

北海道
https://www.pref.hokkaido.lg.jp

北海道開発局
https://www.hkd.mlit.go.jp

国立研究開発法人 土木研究所 寒地土木研究所
https://www.ceri.go.jp/

国土交通省
https://www.mlit.go.jp/

デジタル台風
http://agora.ex.nii.ac.jp/digital-typhoon/

株式会社 フランクリン・ジャパン
https://www.franklinjapan.jp

株式会社 気象サービス
http://www.weather-service.co.jp

tenki.jp
https://tenki.jp

広島市江波山気象館
https://www.ebayama.jp/

三井住友海上 知ろう・備えよう災害対策 (竜巻編)
https://www.ms-ins.com/special/bousai/taisaku/tips_08/

J-STAGE
https://www.jstage.jst.go.jp

お天気〜3分15秒〜
https://3m15s.blog.fc2.com/

政府広報オンライン
https://www.gov-online.go.jp/

札幌市
https://www.city.sapporo.jp/

公益財団法人日本道路交通情報センター
https://www.jartic.or.jp

＊ウェブサイトが変更になっている場合があります。
＊本書掲載の図版、イラストには、上記の書籍、ウェブサイトを参考に制作したものがあります。

おわりに

　横浜出身の私が初めて北海道に来たのは、大学生時代に入った自転車部の合宿でした。釧路駅〜釧路湿原〜弟子屈町〜中標津開陽台〜標津の海沿い〜知床峠〜旭川と、約2週間かけて巡りました。

　まっすぐな坂道は、まるで空に続く道。ペダルを漕ぐと、北海道ブルーの青空にとけこみそうになります。大自然も満喫しながら、何より感激したのが、地元の方々の「北海道に来てくれてありがとう」の声でした。

　私たちにしてみれば勝手に来ただけなのですが、いつか私も同じ言葉を旅人にかけたいと思うようになりました。

　念願の北海道移住がかなったのが2005年。NHKで天気予報を担当することになりました。そのとき、先輩の気象キャスターから「北海道の気象災害で、もし人が亡くなったら、自分のせいだと思いなさい。そのつもりで情報を伝えなさい」と言われたことを、鮮明に覚えています。

　とはいえテレビ放送で伝えることができる荒天情報には、限界があります。その時間にテレビがついていて、チャンネルを合わせて能動的に視聴できる状態で、その予報を信頼していただけたときにだけ、ようやく意味をなすのです。

　一方、テレビの強みは、天気マークだけではわかり得ない情報が伝えられることだと思っています。例えば予報地図に雨や雪のマークが付いているとき、どのくらい降るのか、災害が起こる可能性があるのか、あるいは何をすべきなのかといった具体的な対策を、補足してお伝えできます。

近年は、インターネット上のニュースやSNSでも、気象情報を発信できるようになりました。媒体が何であれ、天気で人が死んではならない、という気持ちで務めています。

　「北海道を対象にしたお天気と防災の本を書きませんか」と、北海道新聞社出版センターの横山百香さんから声をかけていただいたのは、5つの連続台風に見舞われた翌年の2017年でした。

　調査と取材を繰り返し、書き進めるたびに新たに災害が起こり、その都度原稿を差し替えました。結果的に5年がかりとなってしまいましたが、最後まで一緒に作業をし、膨大な確認作業をしてくださった横山さんには感謝の言葉が尽きません。

　北海道における防災力向上の必要性は、命や財産を守るためだけではありません。観光振興や移住促進、企業や産業の誘致、第一次産業の活性化やエネルギーの効率化、あるいは美術品やワインの保存ビジネスなど新たな産業興しにも、必要ではないかと思います。

　安心して過ごせる大地を訪れた方たちに、声を大にして「北海道に来てくれてありがとう」と言葉をかけたいものです。

2023年2月

菅井 貴子

菅井 貴子　（すがい たかこ）

横浜市出身、札幌市在住。気象予報士。
明治大学理工学部数学科卒業、北海道大学大学院教育学院「気候多様性に基づく地域活性
化」論文にて修士取得。九州から北海道まで、全国各放送局の天気コーナーを担当し、「(移動
距離は)日本一の気象予報士」を自負。2005年に北海道に移住、NHK「おはよう北海道」「ほっ
からんど北海道」を担当し、現在はUHB(北海道文化放送)「みんテレ」に出演中。
防災士、CFP®(上級ファイナンシャルプランナー)、健康気象アドバイザー、科学技術エコリー
ダー、地球温暖化防止コミュニケーターなどの資格を有し、講演やコラムなどの執筆活動も行う。
著書に「なるほど！北海道のお天気」「北海道のお天気ごよみ365日」(北海道新聞社)、「みんな
が知りたい！気象のしくみ」(メイツ出版)

取材・協力

ウェザーニューズ、北海道文化放送、札幌管区気象台、函館地方気象台、旭川地方気象台、稚
内地方気象台、網走地方気象台、釧路地方気象台、室蘭地方気象台、帯広測候所、気象庁、北
海道庁、北海道開発局、気象庁気象研究所、寒地土木研究所、第一管区海上保安本部、札幌
市消防局、北海道電力、日本気象協会、北海道大学、小樽商科大学、札幌市立大学、日本赤十
字北海道看護大学、名古屋大学、愛知医科大学、広島市江波山気象館、各市町村、北海道新
聞社

協力　吉井 庸二(気象予報士)

写真協力　北海道新聞社編集局写真映像部

編集協力　上野 和奈

校正　篠原 道子(北海道新聞社事業局出版センター)

イラスト　吉田 晴香(北海道新聞社事業局出版センター)
　　　　　中田 いづみ(北海道新聞HotMedia)

カバーデザイン　蒲原 裕美子(時空工房)

ブックデザイン・DTP　小林 夏海(中西印刷株式会社)

※本書の情報は2023年1月末現在のものです。

菅井貴子と学ぶ 北海道の天気と防災

2023年3月9日　　初版第1刷発行
著　者　　菅井 貴子
発行者　　近藤 浩
発行所　　北海道新聞社
　　　　　〒060-8711　札幌市中央区大通西3丁目6
　　　　　出版センター　(編集)TEL　011-210-5742
　　　　　　　　　　　　(営業)TEL　011-210-5744
印刷所　　中西印刷株式会社
製　本　　石田製本株式会社

落丁・乱丁本は出版センター(営業)にご連絡下さい。お取り換えいたします。
ISBN978-4-86721-089-5